装配式建筑系列专题

大力推广装配式建筑必读
——技术·标准·成本与效益

住房和城乡建设部住宅产业化促进中心　编　著
文林峰　主　编
刘美霞　武　振　武洁青　等　副主编

中国建筑工业出版社

图书在版编目（CIP）数据

大力推广装配式建筑必读——技术·标准·成本与效益／住房和城乡建设部住宅产业化促进中心编著. —北京：中国建筑工业出版社，2016.5
（装配式建筑系列专题）
ISBN 978-7-112-19423-0

Ⅰ. ①大… Ⅱ. ①住… Ⅲ. ①建筑工程 Ⅳ. ①TU

中国版本图书馆CIP数据核字（2016）第097574号

责任编辑：封　毅　周方圆
书籍设计：锋尚设计
责任校对：李美娜　关　健

装配式建筑系列专题
大力推广装配式建筑必读——技术·标准·成本与效益
住房和城乡建设部住宅产业化促进中心　编著
*
中国建筑工业出版社出版、发行（北京西郊百万庄）
各地新华书店、建筑书店经销
北京锋尚制版有限公司制版
北京建筑工业印刷厂印刷
*
开本：787×1092 毫米　1/16　印张：12½　字数：256 千字
2016 年 5 月第一版　　2020 年 2 月第六次印刷
定价：38.00 元
ISBN 978-7-112-19423-0
（28697）

本书编委会

编　　著：住房和城乡建设部住宅产业化促进中心

主　　编：文林峰

副 主 编：刘美霞　武振　武洁青　刘洪娥　王洁凝　王广明　杜阳阳

编委会成员：

杨家骥　岑岩　叶浩文　居理宏　王全良　孙大海　张沂　刘东卫　伍止超
樊则森　肖明　宗德林　楚先锋　谷明旺　卢求　虞向科　高阳　邓文敏
吕胜利　张龙　李晓明　樊骅　蒋勤俭　杨思忠　唐芬　张淑凡　韩彦军
白晓军　张波

主要参加人员：（按姓氏字母排序）

蔡志成　曹新颖　陈彤　段冠宇　范宏滨　付灿华　付学勇　甘生宇　顾洪才
郭戈　郭宁　郭剑永　胡海　胡育科　江国胜　娇贵峰　康庄　李丽红
李世男　李斯文　李迎迎　李正茂　李忠富　林国海　林树枝　龙玉峰　陆海天
马涛　毛林海　那鲲鹏　齐祥然　钱嘉宏　全威　尚进　宋兵　田春雨
田宏有　王蕴　王俊达　王世星　王双军　魏勇　徐盛发　杨健康　叶明
余小溪　余亚超　喻弟　喻迺秋　曾强　张迪　张岩　张鸿斌　张明祥
张书航　张文龄　赵静　赵钿　赵丰东　赵中宇　周冲　周炳高　朱爱萍
朱连吉　朱晓锋

前言
Preface

发展装配式建筑正当时

随着我国经济社会发展的转型升级，特别是城镇化战略的加速推进，建筑业在改善人民居住环境、提升生活质量中的地位凸显。但遗憾的是，目前我国传统“粗放”的建造模式仍较普遍，一方面，生态环境严重破坏，资源能源低效利用；另一方面，建筑安全事故高发，建筑质量亦难以保障。因此，传统的工程建设模式亟待转型。

当前，全国各级建设主管部门和相关建设企业正在全面认真贯彻落实中央城镇化工作会议与中央城市工作会议的各项部署。大力发展装配式建筑是绿色、循环与低碳发展的必然要求，是提高绿色建筑和节能建筑建造水平的重要手段，不但体现了“创新、协调、绿色、开放、共享”的发展理念，更是大力推进建设领域“供给侧结构性改革”、培育新兴产业、实现我国新型城镇化建设模式转变的重要途径。国内外的实践表明，装配式建筑优点显著，代表了当代先进建造技术的发展趋势，有利于提高生产效率、改善施工安全和工程质量，有利于提高建筑综合品质和性能，有利于减少用工、缩短工期、减少资源能源消耗、降低建筑垃圾和扬尘等。当前我国大力发展装配式建筑正当其时。

但是，各地在推进装配式建筑过程中，普遍反映对装配式建筑行业发展现状和趋势的把握还不够准确，对相关专业技术路径、体系和标准的理解还比较生疏。面对新生事物和新的挑战，我们需要积极借鉴别人的理论研究与实践成果，需要不断加强探索与学习，也需要及时归纳和总结自己的探索与实践。近年来，住房和城乡建设部住宅产业化促进中心坚持跟踪关注国内外装配式建筑领域的最新进展，坚持突出问题导向，坚持有针对性地组织国内权威专家开展相关专题研究，至今已累计开展了31个专题系列研究，本书就是汇总了相关专题的初步研究成果，其内容涉及面广，涵盖国内外装配式建筑领域的最新理论与实践，从政策制度、体制机制、技术体系、标准规范，再到钢结构、木结构、全装修等专项研究。本书旨在为加快推进我国装配式建筑的规模化发展提供有益的参考和借鉴，更好地指导各地建设主管部门推动装配式建筑发展，创新政策机制和监管模式；帮助装配式建筑全产业链企业，包括科研、咨询、设计、生产、施工、装修等单位，尽快了解并掌握装配式建筑技术规范，提高装配式建筑的组织效率、生产质量和产品性能，加快提升装配式建筑的产业化与规模化发展。

本书尽管收集了大量资料，并汲取了多方面研究的精华，但由于时间仓促和能力所限，书中内容难免存在疏漏之处，特别是对有些专业方面情况的研究还不够全面深入，对有些统计数据和资料掌握也不够及时完整，恐难以准确客观反映国内外装配式建筑发展的全貌，这需要在今后工作中继续补充完善，也欢迎大家提出宝贵意见和建议。最后，向参与本书撰写及对书中内容作出贡献的各级领导、专家以及企业家们表示诚挚的感谢！

本书编委会

2016年5月

目 录
Contents

专题20　装配式混凝土建筑技术体系 ……01

主要观点摘要……01
1 发展历史及借鉴……03
2 主要技术体系……05
3 主要问题……09
4 展望和建议……10

专题21　装配式混凝土建筑标准规范 ……11

主要观点摘要……11
1 发展现状……13
2 主要问题及对策……21
3 标准规范体系的建议……24
4 标准体系的设置建议……25

专题22　装配式混凝土建筑设计 ……45

主要观点摘要……45
1 发展现状……47
2 协同设计发展情况……48
3 标准化设计体系……53
4 模数及模数协调……55
5 住宅模块化设计体系……56
6 存在问题与瓶颈……64
7 发展对策及保障措施……66

专题23 装配式混凝土建筑施工安装 …… 68

主要观点摘要…… 68
1 发展历程…… 70
2 发展现状…… 71
3 存在问题与瓶颈…… 72
4 发展建议…… 74

专题24 预制构件生产 …… 75

主要观点摘要…… 75
1 生产情况…… 77
2 存在的问题与瓶颈…… 81
3 政策建议…… 84

专题25 预制构件运输与物流 …… 86

主要观点摘要…… 86
1 发展现状…… 88
2 存在问题与瓶颈…… 95
3 发展思路与对策…… 99

专题26 预制构件生产线 …… 108

主要观点摘要…… 108
1 发展历程…… 110
2 发展现状…… 111
3 存在问题与瓶颈…… 114
4 发展思路与对策…… 116

专题27 预制构件质量控制与标准化、通用化 …… 120

主要观点摘要…… 120
1 影响构件的主要因素…… 122
2 标准化、通用化…… 125
3 质量控制…… 126

专题28 装配式建筑人才培养 …… 128

主要观点摘要…… 128
1 现状及问题…… 130
2 装配式建筑人才需求分析…… 131
3 发展建议 …… 132

专题29 装配式建筑企业发展模式 …… 138

主要观点摘要…… 138
1 企业发展模式现状 …… 140
2 存在的问题和瓶颈…… 142
3 发展思路与对策 …… 145

专题30 装配式混凝土建筑建安成本增量分析 …… 149

主要观点摘要…… 149
1 总体分析思路…… 151
2 增量成本统计分析…… 151
3 增量成本组成分析…… 152
4 引发增量的原因分析…… 155
5 降低增量的路径分析…… 161
6 政策建议…… 166

专题31 装配式混凝土建筑综合效益分析 …… 174

主要观点摘要…… 174
1 节能减排效益分析总体思路…… 175
2 建造阶段资源能源消耗对比…… 175
3 建造阶段粉尘和噪声排放对比…… 182
4 建造阶段碳排放对比分析…… 184
5 经济效益和社会效益分析…… 186
6 政策建议…… 188

专题20
装配式混凝土建筑技术体系

主要观点摘要

一、装配式混凝土建筑主要技术体系

目前的装配式混凝土技术体系从结构形式主要可以分为剪力墙结构、框架结构、框架-剪力墙结构、框架-核心筒结构等。目前应用最多的是剪力墙结构体系，其次是框架结构、框架-剪力墙结构体系。

1. 装配式剪力墙结构技术体系

（1）装配整体式剪力墙结构应用较多，适用建筑高度较大；（2）目前叠合板剪力墙主要应用于多层建筑或者低烈度区的中高层建筑中；（3）多层剪力墙结构目前应用较少，但基于其施工高效、简便的特点，在低多层建筑领域中前景广阔。

2. 装配式混凝土框架结构

（1）连接节点单一、简单，结构构件的连接可靠并容易得到保证，方便采用等同现浇的设计概念；（2）框架结构布置灵活，容易满足不同的建筑功能需求；（3）结合外墙板、内墙板及预制楼板或预制叠合楼板应用，预制率可以达到很高水平，适合建筑工业化发展。

由于技术和使用习惯等原因，我国装配式框架结构的适用高度较低，适用于低层、多层建筑，其最大适用高度低于剪力墙结构及框架-剪力墙结构。

3. 装配式框架-剪力墙结构体系

（1）兼有框架结构和剪力墙结构的特点，体系中剪力墙和框架布置灵活，易实现大空间，适用高度较高；（2）可以满足不同建筑功能的要求，可广泛应用于居住建筑、商业建筑、办公建筑、工业厂房等，利于用户个性化室内空间的改造。

二、问题

1．目前还没有形成适合不同地区、不同抗震等级要求，围护体系适宜、施工简便、

工艺工法成熟、适宜规模推广的通用技术体系。

2. 涉及全装配及高层框架结构的研究与实践不足，与国外差距较大。

3. 装配式建筑减震隔震技术及高强材料和预应力技术有待深入研究和应用推广。

4. 从结构设计方面，主要借鉴日本的“等同现浇”概念，以装配整体式剪力墙结构为主，节点和接缝较多且连接构造比较复杂。

5. 对材料性能、连接技术和结构体系的基础研究不足。由于我国装配式建筑仍处于发展初期，其实际应用效果、材料的耐久性、外墙节点的防水性能和保温性能、结构体系抗震性能都没有经过较长时间的检验。

三、建议

1. 鼓励企业探索适用于自身发展的装配式建筑技术体系研究，逐步形成适用范围更广的通用技术体系，推进规模化应用，降低成本，提高效率。

2. 深入研究结构节点连接技术和外围护技术等关键技术，形成成熟的解决方案并推广应用。

3. 探索与装配式建筑相适应的工艺工法，把成熟适用的工艺工法上升到标准规范层面，为大规模推广奠定基础。

4. 进一步研究包括叠合板剪力墙结构、全装配框架结构在内的一系列创新性技术体系。

5. 对成熟适用结构体系、节点连接技术加大推广力度。

6. 对目前尚不成熟的结构体系，应加快进行研发论证。

四、各结构体系的典型项目

1. 剪力墙结构：全国有大批高层住宅项目，位于北京、上海、深圳、合肥、沈阳、哈尔滨、济南、长沙、南通等城市。这些项目主要应用了剪力墙套筒连接技术、宝业叠合剪力墙技术、宇辉约束浆锚剪力墙技术及中南NPC剪力墙结构技术等。

2. 框架结构：福建建超集团建超服务中心1号楼工程；中国第一汽车集团装配式停车楼；南京万科上坊保障房6-05栋楼。

3. 框架-剪力墙结构：上海城建浦江PC保障房项目；龙信集团龙馨家园老年公寓。

1 发展历史及借鉴

我国预制混凝土构件行业已有近60年的历史。早在20世纪50年代，为了配合新中国成立初期大规模建造工业厂房的需求，由中国建筑标准设计研究院负责出版的单层工业厂房的标准图集，就是一整套全装配混凝土排架结构的系列图集。它是由预制变截面柱、大跨度预制工字型截面屋面梁、预制屋顶桁架、大型预制屋面板以及预制吊车梁等一系列配套预制构件组成的一套完整体系。此套图集沿用至今，指导建成厂房面积达6亿m^2之多，为我国的工业建设作出了巨大的贡献。

随后，我国逐步进入建设的高峰时期。20世纪50年代末～60年代中期，装配式混凝土建筑出现了第一次发展高潮。1959年引入的苏联拉姑钦科薄壁深梁式装配式混凝土大板建筑，以3～5层的多层居住建筑为主建成面积约90万m^2，其中北京约50万m^2。

70年代末～80年代末，我国进入住宅建设的高峰期，装配式混凝土建筑迎来了它的第二个发展高潮，并进入迅速发展阶段。此阶段的装配式混凝土建筑，以全装配大板居住建筑为代表，包括钢筋混凝土大板、少筋混凝土大板、振动砖墙板、粉煤灰大板、内板外砖等多种形式。总建造面积约700万m^2，其中北京约386万m^2。此时的大板建筑开始向高层发展，最高建筑是北京八里庄的18层大板住宅试点项目。

这一时期的装配式大板建筑主要借鉴苏联和东欧的技术，由于技术体系、设计思路、材料工艺及施工质量等多方面原因导致了许多问题，主要表现在：

（1）80年代末期，中国进入市场经济阶段，大批农民工开始涌入城市，他们作为廉价的劳动力步入建筑业，随着商品混凝土的兴起，原有的预制构件缺少性价比的优势。

（2）原有的装配式大板建筑由于强调全预制，结构的整体性能主要是依靠剪力墙体的对正贯通、规则布置来实现的，使得建筑功能欠佳，体型、立面和户型均单一。住宅建筑在市场化的新形势下，原有的定型产品不能满足建筑师和居民对住宅多样化的要求。

（3）受当时的技术、材料、工艺和设备等条件的限制，已建成的装配式大板建筑的防水、保温隔热、隔声等物理性能问题开始显现，渗、漏、裂、冷等问题引起居民不满。

此后，中国的装配式结构开始迅速滑坡，到90年代初，现浇结构由于其成本较低、无接缝漏水问题、建筑平立面布置灵活等优势迅速取代了装配式混凝土建筑，预制构件行业面临市场疲软、产品滞销，构件厂纷纷倒闭。有关装配式混凝土建筑的研究及应用在我国建筑领域基本消亡。虽然在1991年，原《装配式大板居住建筑结构设计和施工暂行规定》JGJ1-79经过大量的基础理论和试验研究工作历时10年完成了修编，更名为《装配式大板居住建筑设计和施工规程》JGJ1-91（以下简称JGJ1-91），自1991年10月1日开始实施，但从发布之日起，该规程基本无人问津。

20世纪末开始尤其是近十年，由于劳动力数量下降和成本提高，以及建筑业“四节一环保”的可持续发展要求，装配式混凝土建筑作为建筑产业现代化的主要形式，又开始迅速发展。同时，设计水平、材料研发、施工技术的进步也为建筑式混凝土结构的发展提供了有利条件。在市场和政府双重推动下，装配式混凝土建筑的研究和工程实践成为建筑业发展的新热点。为了避免重蹈20世纪八九十年代的覆辙，国内众多企业、大专院校、研究院所开展了比较广泛的研究和工程实践。在引入欧美、日本等发达国家的现代化技术体系的基础上，完成了大量的理论研究、结构试验研究、生产装备研究、施工装备和工艺研究，初步开发了一系列适用于我国国情的建筑结构技术体系。为了配合和推广装配式混凝土建筑应用，国家和许多省市发布了相应的技术标准和鼓励政策。

与国外相比，我国装配式混凝土建筑的发展主要有以下特点：

（1）由于住宅建设尤其是保障性住房建设的大量需求，装配式混凝土建筑以剪力墙结

（a）京投万科新里程（钢筋套筒灌浆连接）

（b）宇辉滨湖桂园安置房（钢筋浆锚搭接连接）

（c）中南世纪城工程（波纹管浆锚搭接连接）

（d）合肥西伟德试点楼（叠合板）

图20-1 我国装配整体式剪力墙结构工程应用

构体系为主。近些年来装配式剪力墙结构体系发展迅速，应用量不断攀升，涌现出不同特点的装配式剪力墙结构技术，如套筒灌浆连接技术、浆锚搭接连接技术、预制外挂墙板、叠合剪力墙等。在北京、上海、天津、哈尔滨、沈阳、唐山、合肥、南通、深圳等诸多大城市中均有较大规模的应用。图20-1为装配式剪力墙结构的工程应用实例。

（2）由于装配式剪力墙结构在国外很少应用到高层建筑，因此，我国的装配式剪力墙结构是在借鉴装配式大板建筑和国外引进的一些钢筋连接、节点构造技术基础上，自主研发的结构体系。

2 主要技术体系

从结构形式角度，装配式混凝土建筑主要有剪力墙结构、框架结构、框架-剪力墙结构、框架-核心筒结构等结构体系。

按照结构中预制混凝土的应用部位可分为：（1）竖向承重构件采用现浇结构，外围护墙、内隔墙、楼板、楼梯等采用预制构件；（2）部分竖向承重结构构件以及外围护墙、内隔墙、楼板、楼梯等采用预制构件；（3）全部竖向承重结构、水平构件和非结构构件均采用预制构件。

以上三种装配式混凝土建筑结构的预制率由低到高，施工安装的难度也逐渐增加，是循序渐进的发展过程。目前三种方式均有应用。其中，第1种从结构设计、受力和施工的角度，与现浇结构更接近。下文中主要对竖向构件部分或者全部采用预制构件的类型进行梳理和说明。

按照结构中主要预制承重构件连接方式的整体性能，可区分为装配整体式混凝土结构和全装配式混凝土结构。前者以钢筋和后浇混凝土为主要连接方式，性能等同或者接近于现浇结构，参照现浇结构进行设计；后者预制构件间可采用干式连接方法，安装简单方便，但设计方法与通常的现浇混凝土结构有较大区别，研究工作尚不充分。

各结构形式中，按照体系构成、装配方式、关键连接做法等主要技术特征对各种技术体系区分说明。

2.1 装配式剪力墙结构技术体系

典型项目：全国有大批高层住宅项目，位于北京、上海、深圳、合肥、沈阳、哈尔滨、济南、长沙、南通等城市。

按照主要受力构件的预制及连接方式，国内的装配式剪力墙结构可以分为：装配整体式剪力墙结构；叠合剪力墙结构；多层剪力墙结构。装配整体式剪力墙结构应用较多，适用的建筑高度大；叠合板剪力墙目前主要应用于多层建筑或者低烈度区高层建筑中；多层剪力墙结构目前应用较少，但基于其高效、简便的特点，在新型城镇化的推进过程中前景广阔。

此外，还有一种应用较多的剪力墙结构工业化建筑形式，即结构主体采用现浇剪力墙结构，外墙、楼梯、楼板、隔墙等采用预制构件。这种方式在我国南方部分省市应用较多，结构设计方法与现浇结构基本相同，装配率、工业化程度较低。

2.1.1 装配整体式剪力墙结构体系

装配整体式剪力墙结构中，全部或者部分剪力墙（一般多为外墙）采用预制构件，构件之间拼缝采用湿式连接，结构性能和现浇结构基本一致，主要按照现浇结构的设计方法进行设计。结构一般采用预制叠合板，预制楼梯，各层楼面和屋面设置水平现浇带或者圈梁。预制墙中竖向接缝对剪力墙刚度有一定影响，为了安全起见，结构整体适用高度有所降低。在8度（0.3g）及以下抗震设防烈度地区，对比同级别抗震设防烈度的现浇剪力墙结构最大适用高度通常降低10m，当预制剪力墙底部承担总剪力超过80%时，建筑适用高度降低20m。

目前，国内的装配整体式剪力墙结构体系中，关键技术在剪力墙构件之间的接缝连接形式。预制墙体竖向接缝基本采用后浇混凝土区段连接，墙板水平钢筋在后浇段内锚固或者搭接。预制剪力墙水平接缝处及竖向钢筋的连接划分为以下几种：

（1）竖向钢筋采用套筒灌浆连接、拼缝采用灌浆料填实。

（2）竖向钢筋采用螺旋箍筋约束浆锚搭接连接、拼缝采用灌浆料填实。

（3）竖向钢筋采用金属波纹管浆锚搭接连接、拼缝采用灌浆料填实。

（4）竖向钢筋采用套筒灌浆连接结合预留后浇区搭接连接。

（5）其他方式，包括竖向钢筋在水平后浇带内采用环套钢筋搭接连接；竖向钢筋采用挤压套筒、锥套锁紧等机械连接方式并预留混凝土后浇段；竖向钢筋采用型钢辅助连接或者预埋件螺栓连接等。

其中，（1）~（4）为相对成熟，应用较广泛。钢筋套筒灌浆连接技术成熟，已有相关行业和地方标准，但由于成本相对较高且对施工要求也较高，因此通常采用竖向分布钢筋其他等效连接形式；钢筋浆锚搭接连接技术成本较低，目前的工程应用通常为剪力墙全截面竖向分布钢筋逐根连接；螺旋箍筋约束钢筋浆锚搭接和金属波纹管钢筋浆锚搭接连接技术是目前应用较多的钢筋间接搭接连接两种主要形式，各有优缺点，已有相关地方标准。底部预留后浇区钢筋搭接连接剪力墙技术体系尚处于深入研发阶段，该技术由于其剪力墙竖向钢筋采用搭接、套筒灌浆连接技术进行逐根连接，技术简便，成本较低，但增加了模板和后浇混凝土工作量，还要采取措施保证后浇混凝土的质量，暂未纳入现行标准

《装配式混凝土结构技术规程》JGJ 1-2014中。

2.1.2 叠合板混凝土剪力墙结构体系

叠合板混凝土剪力墙结构是典型的引进技术，为了适用于我国的要求，尚在进行进一步的改良、技术研发中。安徽省已有相关地方标准，适用于抗震设防烈度为7度及以下地区和非抗震区，房屋高度不超过60m、层数在18层以内的混凝土建筑结构。抗震区结构设计应注重边缘构件的设计和构造。目前，叠合板式剪力墙结构应用于多层建筑结构，其边缘构件的设计可以适当简化，使传统的叠合板式剪力墙结构在多层建筑中广泛应用，并且能够充分体现其工业化程度高、施工便捷、质量好的特点。

2.1.3 多层剪力墙结构体系

多层装配式剪力墙结构技术适用于6层及以下的丙类建筑，3层及以下的建筑结构甚至可采用多样化的全装配式剪力墙结构技术体系。随着我国城镇化的稳步推进，多样化的低层、多层装配式剪力墙结构技术体系今后将在我国乡镇及小城市得到大量应用，具有良好的研发和应用前景。

2.1.4 现浇剪力墙结构工业化技术体系

现浇剪力墙结构配外挂墙板技术体系的主体结构为现浇结构，其适用高度、结构计算和设计构造完全可以遵循与现浇剪力墙相同的原则。现浇剪力墙配外挂墙板结构技术体系的整体工业化程度较低，是预制混凝土建筑的初级应用形式，对于推进建筑工业化和建筑产业现代化有一定的促进作用。今后要逐步实现现浇剪力墙结构向预制装配式剪力墙结构的转变。

2.2 装配式混凝土框架结构

典型项目：福建建超集团建超服务中心1号楼工程；中国第一汽车集团装配式停车楼；南京万科上坊保障房6-05栋楼。

相对于其他结构体系，装配式混凝土框架结构的主要特点是：连接节点单一、简单，结构构件的连接可靠并容易得到保证，方便采用等同现浇的设计概念；框架结构布置灵活，容易满足不同的建筑功能需求；结合外墙板、内墙板及预制楼板或预制叠合楼板应用，预制率可以达到很高水平，适合建筑工业化发展。

目前国内研究和应用的装配式混凝土框架结构，根据构件形式及连接形式，可大致分为以下几种：

（1）框架柱现浇，梁、楼板、楼梯等采用预制叠合构件或预制构件，是装配式混凝土框架结构的初级技术体系。

（2）在上述体系中采用预制框架柱，节点刚性连接，性能接近于现浇框架结构。根据连接形式，可细分为：

1）框架梁、柱预制，通过梁柱后浇节点区进行整体连接，是《装配式混凝土结构技术规程》JGJ 1-2014中纳入的结构体系；

2）梁柱节点与构件一同预制，在梁、柱构件上设置后浇段连接；

3）采用现浇或多段预制混凝土柱，预制预应力混凝土叠合梁、板，通过钢筋混凝土后浇部分将梁、板、柱及节点连成整体的框架结构体系；

4）采用预埋型钢等进行辅助连接的框架体系。通常采用预制框架柱、叠合梁、叠合板或预制楼板，通过梁、柱内预埋型钢螺栓连接或焊接，并结合节点区后浇混凝土，形成整体结构。

5）框架梁、柱均为预制，采用后张预应力筋自复位连接，或者采用预埋件和螺栓连接等形式，节点性能介于刚性连接与铰接之间。

6）装配式混凝土框架结构结合应用钢支撑或者消能减震装置。这种体系可提高结构抗震性能，扩大其适用范围。南京万科江宁上坊保障房项目是这种体系的工程实例之一。目前，这些技术还有待于进一步研究。

7）各种装配式框架结构的外围护结构通常采用预制混凝土外挂墙板，楼面主要采用预制叠合楼板，楼梯为预制楼梯。

由于技术和使用习惯等原因，我国装配式框架结构的适用高度较低，适用于低层、多层建筑，其最大适用高度低于剪力墙结构或框架-剪力墙结构。因此，装配式混凝土框架结构在我国大陆地区主要应用于厂房、仓库、商场、停车场、办公楼、教学楼、医务楼、商务楼以及居住等建筑，这些结构要求具有开敞的大空间和相对灵活的室内布局，同时建筑总高度不高；目前装配式框架结构较少应用于居住建筑。相反，在日本以及我国台湾等地区，框架结构则大量应用于包括居住建筑在内的高层、超高层民用建筑。

2.3 装配式框架-剪力墙结构体系

典型项目：上海城建浦江PC保障房项目；龙信集团龙馨家园老年公寓。

装配式框架-剪力墙结构根据预制构件部位的不同，可分为预制框架-现浇剪力墙结构、预制框架-现浇核心筒结构、预制框架-预制剪力墙结构三种形式。

预制框架-现浇剪力墙结构中，预制框架结构部分的技术体系同上文；剪力墙部分为现浇结构，与普通现浇剪力墙结构要求相同。这种体系的优点是适用高度大，抗震性能好，框架部分的装配化程度较高。主要缺点是现场同时存在预制和现浇两种作业方式，施工组织和管理复杂，效率不高。由沈阳万融集团承建的“十二运”安保指挥中心和南科大厦项目采用了基于预制梁柱节点的预制框架-现浇剪力墙结构体系，由日本鹿岛公司设计。其中框架梁、柱全部预制，剪力墙现浇。

预制框架–现浇核心筒结构具有很好的抗震性能。预制框架与现浇核心筒同步施工时，两种工艺施工造成交叉影响，难度较大；筒体结构先施工、框架结构跟进的施工顺序可大大提高施工速度，但这种施工顺序需要研究采用预制框架构件与混凝土筒体结构的连接技术和后浇连接区段的支模、养护等，增加了施工难度，降低了效率。这种结构体系可重点研究将湿连接转为干连接的技术，加快施工的速度。

目前，预制框架–预制剪力墙结构仍处于基础研究阶段，国内应用数量较少。

2.4 楼梯和楼盖

装配式楼盖通常由预制梁和预制板（或预制叠合板）组成，和现浇结构相同，通常分为钢筋混凝土楼盖和预应力混凝土楼盖。除了承受并传递竖向荷载外，楼盖将各榀竖向结构连接起来形成整体抗侧力结构体系，共同承受水平荷载作用。因此，楼盖结构在增强结构整体性以及传递水平力中发挥着重要作用。

装配式楼盖大体上可以分为两类：预制叠合楼盖和全预制楼盖。预制叠合楼盖一般由预制叠合梁、叠合板组成，叠合板是由预制底板和现场后浇混凝土叠合层组成。全预制楼盖，顾名思义，是楼板、梁全部在工厂制作，在现场拼接组装。目前，一些西方国家在非抗震地区以及低抗震设防烈度区倾向于使用全预制楼盖，以提高工业化水平和效率、效益；在高地震设防烈度区大多采用预制叠合楼盖。

目前，我国的装配整体式混凝土结构中，楼盖主要采用预制叠合楼盖体系，包括钢筋桁架叠合板及预应力带肋叠合板等。结构转换层、平面复杂或开洞较大的楼层以及作为上部结构嵌固部位的地下室楼层等，对结构整体性及传递水平力的要求较高，目前推荐采用现浇楼盖为宜。

3 主要问题

从技术体系角度看，目前还没有形成适合不同地区、不同抗震等级要求的、结构体系安全、围护体系适宜、施工简便、工艺工法成熟、适宜规模推广的技术体系；涉及全装配及高层框架结构的研究与实践不足，与国外差距较大；装配式建筑减震隔震技术及高强材料和预应力技术有待深入研究和应用推广。

从结构设计角度看，主要借鉴日本的“等同现浇”的概念，以装配整体式结构为主，节点和接缝较多且连接构造比较复杂。

对材料技术和结构技术的基础研究不足。由于装配式建筑仍处于发展初期，其实际使用效果、材料的耐久性、建筑外墙节点的防水性能和保温性能、结构体系抗震性能都没有经过较长时间的检验。

4 展望和建议

从混凝土建筑工业化的角度，预制框架结构由于预制率高，现场湿作业少，生产、施工效率高，更适合建筑产业化发展。尤其是在政府主导的各类公共建筑中，可以采用以预制框架结构、预制框架-剪力墙（核心筒）结构为主的技术体系。

目前，剪力墙结构是适合我国高层居住建筑的结构形式之一，应用最广，技术体系相对成熟。大规模应用中应以成熟的、有规范依据的技术体系为主。

针对我国大力推进城镇化的工作需求，小城市、乡镇对多层建筑需求量很大，需进一步研究、完善、推广包括装配式剪力墙结构在内的多层建筑工业化技术体系。

今后预制装配式混凝土结构的发展，尚需在以下几个方面加强工作：

一是鼓励企业探索适用于自身发展的装配式建筑技术体系研究，逐步形成适用范围更广的通用技术体系，推进规模化应用，降低成本，提高效率；

二是深入研究结构节点连接技术和外围护技术等关键技术，形成成熟的解决方案并推广应用；

三是探索与装配式建筑相适应的工艺工法，把成熟适用的工艺工法上升到标准规范层面，为大规模推广奠定基础；

四是进一步研究包括叠合板剪力墙结构、全装配框架结构在内的一系列创新性技术体系；

五是对成熟适用的结构体系和节点连接技术加大推广力度；

六是对目前尚不成熟的结构体系，应加快进行研发论证。

编写人员：

负责人及统稿：

李晓明：中国建筑标准设计研究院

武洁青：住房和城乡建设部住宅产业化促进中心

参加人员：

田春雨：中国建筑科学研究院

杜阳阳：住房和城乡建设部住宅产业化促进中心

张 沂：北京市建筑设计研究院有限公司

Topic 21

专题21 装配式混凝土建筑标准规范

主要观点摘要

一、发展现状

各级政府大力推进相关标准的编制工作，企业积极响应，开展相关技术的研究与实践，标准规范日益完善。

（1）组织编制、修订了国家标准《工业化建筑评价标准》、《混凝土结构工程施工质量验收规范》；行业标准《装配式混凝土结构技术规程》、《钢筋套筒灌浆连接应用技术规程》；产品标准《钢筋连接用套筒灌浆料》等（见报告专题6表6-1）。

（2）上海市、北京市、深圳市、辽宁省、安徽省以及江苏省等许多省市也相继编制了相关的地方标准。

二、主要问题

（1）缺乏与装配式建筑相匹配的、独立的标准规范体系。虽然国家和地方出台了多个装配式建筑标准，但都是基于等同现浇的理念。

（2）重结构设计标准，轻建筑设计标准。装配式建筑相关建筑设计标准、技术文件偏少，对建筑师缺乏相关指导。

（3）部品的工业化设计标准及相关施工、验收规范等需进一步完善。

（4）建筑设计、部品生产的标准化、模数化有待进一步提高。模数协调与标准化设计是推进装配式建筑的重要前提。由于我国模数标准体系尚待健全，模数协调尚未强制推行，导致结构体系与部品之间、部品与部品之间、部品和设备设施之间模数难以协调。装配式建筑施工过程中，部品匹配度不够，导致施工效率不能大幅提升，装配式建筑优势未能充分发挥。

三、完善标准规范体系建议

（1）完善工程建设标准，提高精度和品质，延长建筑寿命。

（2）建立与装配式建筑发展相适应的技术标准体系，打破基于行业、专业划分制定的标准限制和等同现浇的观念束缚。

（3）制定和完善装配式建筑设计、生产、施工、检测、验收等一系列标准规范。

（4）提高标准化设计水平，完善模数协调标准，明确装配式建筑层高和开间、进深等主要空间尺寸要求。

（5）完善装配式建筑部品部件标准，加快制定夹心墙板、预埋件、连接件等关键构件产品和配件的统一标准规范。补充部分部品如楼电梯间出入口、厨房设施、内隔墙等模数协调标准，补充模数协调标准的同时，应建立相关的公差标准。

（6）制定建筑设计、工程建设与信息技术相融合的技术标准，研究相关工程软件等延伸产品的技术标准。

（7）重点研究突破现有高层建筑结构设计和抗震，实现装配式建筑科学合理的结构分析理论和标准规范。

1 发展现状

我国现行的工程建设标准主要包括国家标准、行业标准、地方标准和协会标准等级别，装配式建筑（包括装配式混凝土结构、钢结构和木结构）的技术标准主要涵盖设计、施工、验收等阶段。

20世纪70～80年代，特别在改革开放初期，装配式建筑的发展曾经历一个快速发展时期，大量的住宅建筑和工业建筑采用了装配式混凝土结构技术，国家标准《预制混凝土构件质量检验评定标准》、行业标准《装配式大板居住建筑设计和施工规程》以及协会标准《钢筋混凝土装配整体式框架节点与连接设计规程》等先后出台。之后，由于种种原因，装配式建筑的应用，尤其是在民用建筑中的应用逐渐减少，迎来了一个相对低潮阶段。

近几年来，随着国民经济的快速发展、工业化与城镇化进程的加快、劳动力成本的不断增长，我国在装配式建筑方面的研究与应用逐渐升温，部分地方政府积极推进，一些企业积极响应，开展相关技术的研究与应用，形成了良好的发展态势。特别是，为了满足我国装配式建筑应用的需求，编制和修订了国家标准《工业化建筑评价标准》、《混凝土结构工程施工质量验收规范》；行业标准《装配式混凝土结构技术规程》、《钢筋套筒灌浆连接应用技术规程》；产品标准《钢筋连接用套筒灌浆料》等。上海市、北京市、深圳市、辽宁省、安徽省以及江苏省等许多省市也相继出台了相关的地方标准。

钢结构建筑在标准制定方面，单一的技术规程、规范比较齐全，20世纪八九十年代在网架结构、压型钢板、门式刚架轻型房屋钢结构、高层民用建筑钢结构等方面的设计、施工、验收、评定、加固规程已发行20余本。21世纪初又编制了多层钢结构以及底层轻型钢结构等多项规程。

目前与装配式建筑相关的现行标准梳理汇总如表21-1、表21-2所示。

中国装配式混凝土结构相关标准及标准图集　　表21-1

类别	编号	名称
有关模数基础标准	GB 50002-2013	建筑模数协调统一标准
	GB 50006-2010	厂房建筑模数协调标准
主要部品模数协调标准	GBJ 101-87	建筑楼梯模数协调标准
	GB/T 11228-2008	住宅厨房及相关设备基本参数
	GB/T 11977-2008	住宅卫生间功能和尺寸系列
	GB/T 5824-2008	建筑门窗洞口尺寸系列

续表

类别	编号	名称
主要相关国家标准	GB 50010-2010	混凝土结构设计规范
	GB/T 51129-2015	工业化建筑评价标准
	GB 50666-2011	混凝土结构工程施工规范
	GB 50204-2014	混凝土结构工程施工质量验收规范
	GB 50009-2012	建筑结构荷载规范
	GB 50011-2010	建筑抗震设计规范
	GBJ 321-90	预制混凝土构件质量检验评定标准（已废止）
	GBJ 130-90	钢筋混凝土升板结构技术规范
	GB/T 14040-2007	预应力混凝土空心板
行业标准	JGJ 1	装配式混凝土结构技术规程
	JGJ 1-91	装配式大板居住建筑设计和施工规程（已废止）
	JGJ 3-2010	高层建筑混凝土结构技术规程
	JGJ 224-2010	预制预应力混凝土装配整体式框架结构技术规程
	JGJ/T 258-2011	预制带肋底板混凝土叠合楼板技术规程
	JGJ 2-79	工业厂房墙板设计施工规程
	JGJ/T 355-2015	钢筋套筒灌浆连接应用技术规程
	正在报批	装配式住宅建筑技术规程
	正在编制	工业化住宅建筑尺寸协调标准
	正在编制	预制墙板技术规程
产品标准	JG/T 398-2012	钢筋连接用灌浆套筒
	JG/T 408-2013	钢筋连接用套筒灌浆料
协会标准	CECS 40:92	混凝土及预制混凝土构件质量控制规程
	CECS 43:92	钢筋混凝土装配整体式框架节点与连接设计规程
	CECS 52:2010	整体预应力装配式板柱结构技术规程
		约束混凝土柱组合梁框架结构技术规程（报批稿）
地方标准	中国香港（2003）	装配式混凝土结构应用规范
	上海DG/TJ 08-2071-2010	装配整体式混凝土住宅体系设计规程

续表

类别	编号	名称
地方标准	上海DG/TJ 08-2069-2010	装配整体式住宅混凝土构件制作、施工及质量验收规程
	上海DBJ/CT 082-2010	润泰预制装配整体式混凝土房屋结构体系技术规程
	北京DB11/T 1030-2013	装配式混凝土结构工程施工与质量验收规程
	北京DB11/T 970—2013	装配式剪力墙结构设计规程
	深圳SJG 18-2009	预制装配整体式钢筋混凝土结构技术规程
	深圳SJG 24-2012	预制装配钢筋混凝土外墙技术规程
	辽宁DB21/T 1868-2010	装配整体式混凝土结构技术规程（暂行）
	辽宁DB21/T 2000-2012	装配整体式剪力墙结构设计规程（暂行）
	辽宁DB21/T 1872-2011	预制混凝土构件制作与验收规程（暂行）
	黑龙江DB23/T 1400-2010	预制装配式房屋混凝土剪力墙结构技术规程
	安徽DB34/T 810-2008	叠合板式混凝土剪力墙结构技术规程
	江苏DGJ32/TJ 125-2011	预制装配整体式剪力墙结构体系技术规程
	江苏DJG32/TJ 133-2011	装配整体式自保温混凝土建筑技术规程
	山东DB37/T 5018-2014	装配整体式混凝土结构设计规程
	山东DB37/T 5019-2014	装配整体式混凝土结构工程施工与质量验收规程
	山东DB37/T 5020-2014	装配式混凝土结构工程预制构件制作与验收规程
标准图集	GJBT-15G365-1	预制混凝土剪力墙外墙板
	GJBT-15G365-2	预制混凝土剪力墙内墙
	GJBT-15G366-1	桁架钢筋混凝土叠合板（60mm厚底板）
	GJBT-15G367-1	预制钢筋混凝土板式楼梯
	GJBT-15G368-1	预制钢筋混凝土阳台板、空调板及女儿墙
	GJBT-15J939-1	装配式混凝土结构住宅建筑设计示例（剪力墙结构）
	GJBT-15G107-1	装配式混凝土结构表示方法及示例（剪力墙结构）
	GJBT-15G310-1	装配式混凝土结构连接节点构造（楼盖结构和楼梯）
	GJBT-15G310-2	装配式混凝土结构连接节点构造（剪力墙结构）

地方级装配式建筑相关标准、规范汇总表　表21-2

序号	标准文件	标准编号	标准状态	标准层级
1	装配整体式混凝土结构技术规程（暂行）	DB21/T 1868-2010 J11792-2011	修编	省标
2	预制混凝土构件制作与验收规程（暂行）	DB21/T 1872-2011 J11791-2011	修编	省标
3	装配整体式建筑全装修技术规程（暂行）	DB21/T 1893-2011 J11896-2011	修编	省标
4	装配整体式建筑技术规程（暂行）	DB21/T 1924-2011 J12012-2012	修编	省标
5	装配整体式建筑设备与电气技术规程（暂行）	DB21/T 1925-2011 J11792-2011	修编	省标
6	装配整体式剪力墙结构设计规程（暂行）	DB21/T 2000-2012 J12141-2012	修编	省标
7	装配整体式混凝土构件生产和施工技术规范	DB2101/T J07-2011	修编	市标
8	装配式夹芯隔墙技术规范	DB2101/T J08-2012	发布实施	市标
9	居住建筑全装修技术规范	DB2101/T J012-2013	修编	市标
10	装配式钢筋混凝土板式住宅楼梯	DBJT05-272 辽2015G302	发布实施	省级图集
11	装配式钢筋混凝土叠合板	DBJT05-273 辽2015G305	发布实施	省级图集
12	装配式预应力混凝土叠合板	DBJT05-275 辽2015G404	发布实施	省级图集
13	现代产业化公租房标准化设计通用图集	SYCYH01-2013	发布实施	市级图集
14	沈阳市全装修住宅标准化设计图集（厨房）	SYCYH01-2014	发布实施	市级图集
15	沈阳市全装修住宅标准化设计图集（卫生间）	SYCYH02-2014	发布实施	市级图集
16	沈阳市预制装配式市政部品系列图集（一）共同沟、排水沟、挡土墙及步道砖	SYCYH03-2015	发布实施	市级图集
17	沈阳市预制装配式市政部品系列图集（一）装配式围墙、道路板、公共设施	SYCYH04-2015	发布实施	市级图集
18	装配式混凝土结构拆分设计指南		发布实施	市级

续表

序号	标准文件	标准编号	标准状态	标准层级
19	预制混凝土构件生产技术指南		发布实施	市级
20	装配式混凝土结构施工技术指南		发布实施	市级
21	沈阳市现代建筑产业化BIM技术应用指南		发布实施	市级
22	沈阳市BIM技术应用标准图集		在编	市标
23	预制混凝土外挂墙板标准图集		在编	市级图集
24	装配式混凝土建筑标准图集		在编	市级图集
25	建筑用钢标准化图集		在编	市级图集
26	装配式剪力墙结构设计规程	DB11/1003-2013	已发布	地方标准
27	装配式剪力墙结构设计规程配套图集PT-1003	DB11/1003-2013	已发布	地方标准
28	预制混凝土构件质量检验标准	DB11/T 968-2013	已发布	地方标准
29	装配式剪力墙住宅建筑设计规程	DB11/T 970-2013	已发布	地方标准
30	装配式剪力墙住宅建筑设计规程配套图集PT-970	DB11/T 970-2013	已发布	地方标准
31	装配式混凝土结构工程施工与质量验收规程	DB11/T 1030-2013	已发布	地方标准
32	公共租赁住房内装设计模数协调标准	DB11/T 1196-2015	已发布	地方标准
33	住宅全装修设计标准	DB11/T 1197-2015	已发布	地方标准
34	预制混凝土构件质量控制标准	DB11/T 1312-2015	已发布	地方标准
35	北京市公共租赁住房标准设计图集（一）	BJ-GZF/BS TJ1-2012	已发布	地方标准
36	北京市廉租房、经济适用房及两限房建设技术导则	京建科教［2008］626号	已发布	地方导则
37	北京市公共租赁住房建设技术导则（试行）	京建发［2014］413号	已发布	地方导则
38	住宅装饰装修验收标准	DB 31/30-2003	已发布	地方标准
39	装配整体式混凝土保障性住宅标准套型图集	DBJ08-118-2014	已发布	地方标准
40	装配整体式混凝土住宅构造节点图集	DBJT08-116-2013	已发布	地方标准

续表

序号	标准文件	标准编号	标准状态	标准层级
41	装配整体式混凝土结构施工及质量验收规范	DGJ 08-2117-2012	已发布	地方规范
42	住宅建筑绿色设计标准	DGJ 08-2139-2014	已发布	地方标准
43	装配整体式混凝土公共建筑设计规程	DGJ 08-2154-2014	已发布	地方规范
44	住宅工程套内质量验收规范	DG/TJ 08-2062-2009	已发布	地方规范
45	装配整体式混凝土住宅体系设计规程	DG/TJ 08-2071-2010	已发布	地方规范
46	建筑装饰装修工程施工规程	DG/TJ 08-2135-2013	已发布	地方规范
47	公共建筑绿色设计标准	DG/TJ 08-2143-2014	已发布	地方标准
48	住宅装饰装修工程施工技术规程	DG/TJ 08-2153-2014	已发布	地方规范
49	预制混凝土夹心保温外墙板应用技术规程	DG/TJ 08-2158-2015	已发布	地方规范
50	全装修住宅室内装修设计标准	DG/TJ 08-2178-2015 J 13187-2015	已发布	地方标准
51	装配整体式居住建筑设计规程		修编	
52	装配式整体式混凝土结构预制构件制作与质量检验规程	报批稿 DG/TJ 08-2069-2016		
53	上海市装配整体式混凝土构件图集（标准设计）	已报批，出版校稿中		
54	工业化住宅评定技术标准	报批稿		
55	成型钢筋混凝土结构设计规程	2015年立项		
56	装配整体式叠合板混凝土结构技术规程	2015年立项		
57	居住建筑室内装配式装修工程设计规范	2016年立项		
58	装配式建筑工程设计文件编制深度标准	2016年立项		
59	基于RFID标签的工业化住宅预制装配式混凝土构件管理技术导则	计划		
60	预制装配式部品构件图集	计划		
61	预制装配整体式钢筋混凝土结构技术规范	SJG 18-2009	已废止	地方政策

续表

序号	标准文件	标准编号	标准状态	标准层级
62	BIM实施管理标准	SZGWS 2015-BIM-01	已发布	地方政策
63	预制装配钢筋混凝土外墙技术规程	深圳SJG 24-2012	已发布	地方标准
64	深圳市住宅产业化示范基地和项目评定工作规程			地方政策
65	深圳市住宅产业化试点项目技术要求	深人环［2014］21号	已发布	地方政策
66	深圳市住宅产业化项目单体建筑预制率和装配率计算细则（试行）	深建字［2015］106号	已发布	地方政策
67	保温装饰板外墙外保温系统应用技术规程	DGJ32/TJ 86-2013	已实施	省标
68	复合发泡水泥板外墙外保温系统应用技术规程	DGJ32/TJ 174-2014	已实施	省标
69	陶粒轻质混凝土条板应用技术规程	苏JG/T 044-2011	已实施	省标
70	型钢辅助连接装配整体式混凝土结构技术规程	Q/320282 SSE-2014		企标
71	模块建筑体系施工质量验收标准	Q/321191-R012-2014		企标
72	预制混凝土双板叠合墙体系施工质量验收规程	Q/321302 QYD001-2014	已实施	企标
73	装配整体式混凝土结构设计规程	DB37/T5018-2014	已发布	省级
74	装配整体式混凝土结构工程施工与质量验收规程	DB37/T5019-2014	已发布	省级
75	装配式混凝土结构工程预制构件制作与验收规程	DB37/T5020-2014	已发布	省级
76	混凝土装配-现浇式剪力墙结构技术规程	DBJ43/T301-2015	已发布	地方标准
77	混凝土叠合楼盖装配整体式建筑技术规程	DBJ 43/T 301-2013	已实施	地方标准
78	PK预应力混凝土叠合板	2005湘JG/B-001	已实施	地方标准
79	装配式结构住宅（33层混凝土结构城镇住宅（<100m）（一）、（二）、（三）；17层混凝土结构城镇住宅（<54m）（一）、（二）、（三））	湘2015G101	在编	地方标准

续表

序号	标准文件	标准编号	标准状态	标准层级
80	湖南省装配式混凝土结构住宅统一模数规定		在编	地方标准
81	太阳能光伏与建筑一体化技术规程	DB34/5006-2014	已发布	地方标准
82	叠合板式混凝土剪力墙结构技术规程	DB34/T810-2008	已发布	地方标准
83	住宅装饰装修验收标准	DB34/T1264-2010	已发布	地方标准
84	叠合板式混凝土剪力墙结构施工与验收规程	DB34/T1486-2011	已发布	地方标准
85	建筑节能门窗应用技术规程	DB34/T1589-2012	已发布	地方标准
86	预制装配式钢筋混凝土检查井技术规程	DB34/T1786-2012	已发布	地方标准
87	装配整体式剪力墙结构技术规程（试行）	DB34/T1874-2013	已发布	地方标准
88	装配式建筑预制混凝土构件制作与验收导则	DBHJ/T013-2014		地方标准
89	装配式混凝土结构施工及验收导则	DBHJ/T014-2014	已发布	地方标准
90	合肥市装配式混凝土结构预制装配率计算方法（试行）	合建设[2013]15号	已发布	地方标准
91	福建省预制装配式混凝土结构技术规程	DBJ13-216-2015	已发布	地方政策
92	福建省装配整体式结构设计导则	闽建设[2015]5号		导则
93	福建省装配整体式结构施工图审查要点	闽建设[2015]5号		指导性
94	福建省工业化建筑认定（试行）办法	闽建[2015]6号	实施	地方标准
95	福建省装配式建筑工程钢筋混凝土预制构件工程量清单	闽建筑[2015]18号	实施	地方标准
96	福建省装配式建筑工程钢筋混凝土预制构件补充定额	闽建筑[2015]18号	实施	地方标准
97	恒利美蜂窝纸芯墙板技术规程	XJQ01-2013	实施	企业标准
98	预制混凝土构件制作与质量检验标准	XJQ01-2014	实施	企业标准
99	预制混凝土框架结构施工与质量验收标准	XJQ02-2014	实施	企业标准

续表

序号	标准文件	标准编号	标准状态	标准层级
100	润泰装配整体式混凝土结构体系规程	XJQ02-2015	实施	企业标准
101	预制混凝土构件质量检验标准		在编	地方标准
102	装配式住宅整体式厨卫省标准图		在编	地方标准
103	浙江省新型建筑工业化适宜建筑体系指导目录	建建发[2014]397号	已发布	地方政策
104	叠合板式混凝土剪力墙结构技术规程		在编	地方标准
105	预制装配式钢结构集成建筑技术规程		在编	地方标准

2 主要问题及对策

虽然现行的工程建设标准体系中，各专业技术标准都不同程度地包含了一些装配式建筑相关的标准，但这些标准编制内容的角度、深度以及适用性与新时期装配式建筑的要求差别较大；其中有些内容是重复的，甚至有些规定与装配式建筑还不协调。存在的主要问题有：

（1）缺乏与装配式建筑相匹配的、独立的标准规范体系。

虽然国家和地方出台了系列装配式建筑标准，但都是基于等同现浇的理念。

（2）重结构设计标准，轻建筑设计标准。

任何建筑，建筑师的平立面设计，即建筑的功能设计，都在设计工作中占据主导地位。我国现行住宅建筑设计规范，与采用装配式建造的住宅建筑确有许多不同。装配式建筑，不是简单地将预制构件拆分出来；而是需要在建筑设计中更加严格地执行模数和模数协调标准，使建筑物在刚一进入设计阶段时，就纳入标准化的轨道，并为其后的结构构件和部品的标准化设计打下基础，实现产业链上所有产品能在工厂采用大工业的生产方式进行生产，真正实现建筑工业化。

其他适宜采用装配式的公共建筑，如学校、医院、仓库、超市、停车场等以及一些工厂建筑，建筑设计的重要性同上。

目前，指导建筑师进行装配式建筑设计的设计原则、设计标准及其他技术文件都偏少。多数建筑师缺乏相关的知识和指导。

建议：尽快出台行业标准《装配式住宅建筑设计规程》，加强建筑师对装配式建筑相关知识的培训。同时应编制相关手册等技术文件。

（3）重建筑主体结构的装配化设计标准，轻部品的工业化设计标准。

建筑工业化，包括在产业链上所有产品的工业化，而非仅仅结构的装配化。而完成部品的工业化，实现模数和模数协调是工业化的前提。

我国是国际标准化组织ISO模数协调的技术委员会TC59的管理单位。与TC59已编国际标准有关模数协调的标准进行比较，主要标准已转换为我国现行标准。但从调查来看，建筑师对于这些模数协调标准的知晓程度很低。

建议：随着我国经济和技术的快速发展，需要补充部分部品的模数协调标准，如楼电梯间出入口、厨房设施、内隔墙等。

在补充模数协调标准的同时，应建立相关的公差标准，这是目前标准体系中缺乏的内容。

（4）重建造技术的变革，轻试验研究工作。

我国市场上现有装配式混凝土结构体系，呈现百花齐放、百家争鸣势态，这是应该鼓励的。但是，由于建筑物的建成涉及许多问题，如：隔声、防水等关系居民生活质量、提高居住舒适度等；并且建筑物的结构及防火设计更是涉及人民生命财产安全的问题。应从历史上许多地震灾害、连续性坍塌的事故中吸取教训，不能重演。因此，必须以严谨、科学的态度来编制相关标准。表21-3显示了现有装配式混凝土结构体系与实际纳入现行标准的装配式混凝土结构体系之间的差距。从编制组的意见来看，认为其中少数属于不适宜推广应用的体系，而更多的是需要进一步的研究成果。任何结构标准都应以安全为第一前提，只有技术安全可靠的体系才能纳入。因此，技术上尚存在许多疑问的技术，做少量的示范工程，经专家论证后是可以的建造的。但是，要纳入行业标准，必须有可靠的理论基础和大量令人信服的试验研究数据。

建议：混凝土是一种塑性材料，因此，钢筋混凝土是一门理论研究和试验研究相结合的科学。因此，要丰富现行行业标准的内容，增加结构体系，首先要加大试验研究的力度。如果科研成果不够，是不足以支撑标准条文的编写工作的。

现有装配式混凝土结构体系及其是否纳入现行标准　　表21-3

结构类型		是否已纳入规程
装配整体式框架结构	节点刚接	已纳入
多层框架结构	节点铰接	需要进一步的研究成果
装配整体式剪力墙结构		已纳入
叠合剪力墙结构		需要进一步的研究成果

续表

结构类型		是否已纳入规程
以外墙板为模板的装配整体式剪力墙结构		不适宜推广应用
现浇剪力墙结构外贴预制墙板		不适宜推广应用
多层剪力墙结构	节点湿式连接	已纳入
	节点干式连接	需要进一步的研究成果
装配整体式 框架–剪力墙结构	剪力墙现浇、 框架预制	已纳入
装配整体式部分框支剪力墙结构		已纳入

（5）重应用技术，轻基础理论研究。

装配式混凝土结构是普通混凝土结构的一个特例，它的基本工作性能与普通混凝土结构是相同的。但是由于预制构件之间存在着接缝，这就产生了许多需要特殊处理的问题。

预制构件之间的接缝，需要传递各种力，如压力、拉力、弯矩、剪力和扭矩等。这里有许多基础理论问题，有些属于普通混凝土结构的基础理论，例如钢筋的搭接问题。由于我国在混凝土基础理论方面的研究工作还需要做许多补充，并在混凝土规范及抗震规范中增加相关内容，相应地促进装配式混凝土结构技术的进步和发展。

（6）重工程标准，轻产品标准。

装配式建筑中，许多结构构件，如梁、楼板、柱、墙等已经成为一种工业产品。它在工厂进行生产，需要对它进行出厂检验和型式检验，方能成为一个合格的产品出厂，而后进入工地。由于这些产品的检验，涉及许多原材料的要求以及检测方法的要求，不可能在工程标准中全部表达，因此需要编制相关产品标准。

（7）重标准中的使用设计状态和抗震设计状态，轻短暂设计状态。

装配式混凝土结构与普通混凝土结构非常不同的一点，是其截面和配筋，在许多情况下，会由脱模、翻转、吊装、运输等短暂设计状态起控制作用。目前，由于缺乏足够的理论研究和实践经验，多本相关标准对此部分内容阐述不够，应进一步加强。

（8）重创新标准，轻认证标准。

目前，许多企业勇于创新，是非常好的探索。但是，在工业发达国家，任何技术都有严格的认证制度，包括新技术。认证制度保证了技术的质量。我国虽然有认证机构，但是没有严格的认证制度，使许多产品，特别是对于装配式混凝土结构而言是生命线的产品质量不能得到保证，如夹心墙板中内外叶墙板的拉结件等，也由此产生安全隐患，令人担忧。

（9）重技术标准，轻管理标准。

推广装配式建筑是对生产方式的一种变革，在技术上需要有许多新的探索，同样，在管理上也需要有许多新的探索。例如施工现场的管理模式，生产的组织方式，安全生产的保证，等等。因此，一些与施工管理有关的标准也需要有相应的更新。

（10）标准化、模数化有待进一步推进。

模数协调与标准化设计是推进装配式建筑的重要前提。由于我国模数标准体系尚待健全，模数协调尚未强制推行，导致结构体系与部品之间、部品之间、部品和设施设备之间模数尚难以协调。建筑设计、部品生产的标准化、模数化有待进一步提高。调研中部分省市主管部门和企业反映，装配式建筑工程施工中，部分部品匹配度不够，导致施工效率不能大幅提升，装配式建筑优势未能充分发挥。

3 标准规范体系的建议

第一，完善工程建设标准，提高精度和成品品质，延长建筑寿命。

第二，建立与装配式建筑发展相适应的技术标准体系，打破基于行业、专业划分制定的标准限制和等同现浇的观念束缚。

第三，制定和完善装配式建筑设计、生产、施工、检测、验收、运营及部品部件质量管理和产品验收等一系列标准规范。

第四，提高标准化设计水平，完善模数协调标准，明确装配式建筑层高和开间、进深等主要空间尺寸要求。结构、装修等相关构件、配件的标件化，对降低成本、推广装配式混凝土结构应用非常重要。同时建议在相关标准中根据装配式结构的实际特点，建立相应的公差及其协调标准。

第五，完善装配式建筑部品部件标准，加快制定夹心墙板、预埋件、连接件等关键构件产品和配件的统一标准规范。补充部分部品，如楼电梯间出入口、厨房设施、内隔墙等模数协调标准，补充模数协调标准的同时，应建立相关的公差标准。

第六，制定建筑设计、工程建设与信息技术相融合的技术标准，研究相关工程软件等延伸产品的技术标准。

第七，重点研究突破现有高层建筑结构设计和抗震，实现装配式建筑科学合理的结构分析理论和标准规范。

第八，建议新编标准。急需预制混凝土构件质量控制标准的相关标准。国家标准《预制混凝土构件质量检验评定标准》GBJ321-90在编制《混凝土结构工程施工质量验收规范》GB 500204-2002时被废止，但部分内容为GB 50204-2002所采用。但在新修订的《混凝土结构工程施工质量验收规范（送审稿）》中指出“工厂生产的预制构件应按本章的规定进场验收，现场制作的预制构件应按本规范各章的规定进行验收”，即验收规范GB 50204将工厂生产的预制构件视为“商品（产品）”。但如果没有相关标准，如何控制工厂生产的预制构件的质量则成为一个问题。

2016年新立项的产品标准《工厂预制混凝土构件质量管理标准》应该是针对此问题立项的，其内容能否满足控制工厂生产的预制构件的质量是至关重要的，需慎重对待。建议对装配式混凝土结构中所用的主要构件编制产品标准，控制其出厂检验和型式检验的过程，并加强预制构件进场复检的验收环节，以便对其加强质量管理。

4 标准体系的设置建议

建筑主体结构技术体系是建筑中的支撑体部分，其结构类型直接关系到建筑的安全性、经济性和适用性。结构形式决定了建筑的建造方式、建筑材料和施工技术，以及建筑室内装修、部品、部件的使用。因此，建筑主体结构技术体系是建筑中最为重要的部分。

装配式混凝土结构技术具有工业化水平高、便于冬季施工、减少施工现场湿作业、减少材料消耗、减少工地扬尘和建筑垃圾等优点，它有利于实现提高建筑质量、提高生产效率、降低成本、实现节能减排和保护环境的目的。装配式建筑在许多国家和地区，如欧洲、新加坡，以及美国、日本、新西兰等处于高烈度地震区的国家都得到了广泛的应用。在我国，近年来由于节能减排要求的提高以及劳动力价格的大幅度上涨等因素，预制混凝土构件的应用开始摆脱低谷，呈现迅速上升的趋势。与上一代的装配式混凝土结构技术相比，新一代的装配式混凝土结构技术采用了许多先进技术，并在技术上也有较大的提升。装配式混凝土结构技术的可靠度、耐久性及整体性等基础上与现浇混凝土结构等同；所提出的各项要求与国家现行相关标准协调一致。

建立符合建筑工业化发展要求并具有一定指导意义和实用价值的“装配式混凝土结构技术标准体系”，主要基于以下原则：

（1）要适应建筑工业化的发展要求，有利于工程建设标准化的科学管理，并能有效地促进工程建设标准体系的改革和发展。

（2）要符合工业化建筑的特征，满足装配式混凝土结构技术体系的特点，要保证技术体系与标准体系之间紧密联系并形成整体。

（3）要符合装配式混凝土结构建筑的建造过程和生产实际，并具有先进性、指导性和普适性。

（4）要与现行工程建设标准有效衔接，梳理现行工程建设标准的有效性、适用性，并提出相关需求建议。

（5）要以系统分析的方法，做到结构优化、层次清楚、分类明确、协调配套、科学合理。

此次装配式混凝土结构标准体系从建筑工序入手，包括：建筑设计、结构设计、建筑室内装修与部品、建筑电气与设备、信息技术与管理、预制构件生产与运输、建筑施工及验收、维护与再利用。除建筑设计有综合标准外，每个工序在标准体系上分为基础标准、通用标准、专用标准三个层次。其中：

基础标准：是指在某结构技术类型范围内带有通用型且可作为其他标准的基础标准，具有指导意义的术语、分类、评价等标准。

通用标准：是指针对某一类标准化对象制定的覆盖面较大的共性标准。如通用的质量、设计、施工要求等。

专用标准：是指对某一具体对象所制定的标准或作为通用标准的补充、延伸而制订的专用标准，包括产品标准。

4.1 标准体系编码

装配式混凝土结构技术标准体系编码为五位编码，分别代表标准类号、结构类号、部分类号、层次类号、标准序号。混凝土结构的结构类号暂定为1。层次类号中，0为综合标准，1为基础标准，2为通用标准，3为专业标准。

[ZPS]	*.	*.	*.	*.	*.
标准类号	结构类号	部分类号	层次类号	门类号	标准序号

4.2 标准体系表

[ZPS]1.1 建筑设计标准　　表21-4

体系编码	标准名称	现行标准	需求情况			备注
			有效	修订	制定	
[ZPS]1.1.0 综合标准						
[ZPS]1.1.0.1	住宅建筑规范	GB 50368-2005		√		增加相关内容

续表

体系编码	标准名称	现行标准	需求情况			备注
			有效	修订	制定	
[ZPS]1.1.0.2	公共建筑规范				√	
[ZPS]1.1.1 基础标准						
[ZPS]1.1.1.1 术语标准						
[ZPS]1.1.1.1.1	民用建筑设计术语标准	GB/T 50504-2009		√		增加相关内容
[ZPS]1.1.1.1.2	装配式混凝土建筑术语标准				√	重新制定
[ZPS]1.1.1.2 图形标准						
[ZPS]1.1.1.2.1	房屋建筑制图统一标准	GB/T 50001-2010	√			
[ZPS]1.1.1.2.2	建筑制图标准	GB/T 50104-2010	√			
[ZPS]1.1.1.2.3	总图制图标准	GB/T 50103-2010	√			
[ZPS]1.1.1.2.4	装配式混凝土建筑制图标准				√	重新制定
[ZPS]1.1.1.3 模数标准						
[ZPS]1.1.1.3.1	建筑模数协调标准	GB/T 50002-2013		√		增加相关内容
[ZPS]1.1.1.3.2	房屋建筑制图统一标准	GB/T 50001-2001		√		增加相关内容
[ZPS]1.1.1.4 分类标准						
[ZPS]1.1.1.4.1	建筑分类标准	在编		√		增加相关内容
[ZPS]1.1.2 通用标准						
[ZPS]1.1.2.1 建筑设计通用标准						
[ZPS]1.1.2.1.1	民用建筑设计通则	GB 50352-2005		√		增加相关内容
[ZPS]1.1.2.2 建筑技术通用标准						
[ZPS]1.1.2.2.1	民用建筑隔声设计规范	GB 50118-2010	√			
[ZPS]1.1.2.2.2	建筑采光设计标准	GB 50033-2013	√			
[ZPS]1.1.2.2.3	建筑照明设计标准	GB 50034-2013	√			

续表

体系编码	标准名称	现行标准	需求情况			备注
			有效	修订	制定	
[ZPS]1.1.2.2.4	装配式住宅建筑设计规程	制定中			√	
[ZPS]1.1.2.2.5	建筑设计防火规范	GB 50016-2014	√			
[ZPS]1.1.2.2.6	建筑物防雷设计规范	GB 50057-2010	√			
[ZPS]1.1.2.3 建筑评价通用标准						
[ZPS]1.1.2.3.1	工业化建筑评标准	GB/T 51129-2015	√			
[ZPS]1.1.2.3.2	绿色工业建筑评价标准	GB/T 50878-2013	√			
[ZPS]1.1.2.3.3	绿色建筑评价标准	GB/T 50378-2014	√			
[ZPS]1.1.2.3.4	节能建筑评价标准	GB/T 50668-2011	√			
[ZPS]1.1.3 专用标准						
[ZPS]1.1.3.1 建筑技术专用标准						
[ZPS]1.1.3.1.1	装配式综合健身馆技术规程	编制中			√	
[ZPS]1.1.3.1.2	外墙外保温工程技术规程	JGJ 144-2004	√			
[ZPS]1.1.3.1.3	建筑外墙外保温防火隔离带技术规程	JGJ 289-2012	√			
[ZPS]1.1.3.1.4	装配式整体厨房应用技术标准					2016年计划
[ZPS]1.1.3.2 产品专用标准						
[ZPS]1.1.3.2.1	住宅部品术语	GB/T 22633-2008	√			
[ZPS]1.1.3.2.2	建筑门窗洞口尺寸系列	GB/T 5824-2008		√		
[ZPS]1.1.3.2.3	住宅厨房及相关设备基本参数	GB/T 11228-2008		√		
[ZPS]1.1.3.2.4	住宅卫生间功能及尺寸系列	GB/T 11977-2008		√		

续表

体系编码	标准名称	现行标准	需求情况			备注
			有效	修订	制定	
[ZPS]1.1.3.2.5	建筑外窗采光性能分级及检测方法	GB/T 11976-2002	√			
[ZPS]1.1.3.2.6	住宅整体卫浴间	JG/T 183 -2011		√		
[ZPS]1.1.3.2.7	住宅整体厨房	JG/T 184 -2011		√		
[ZPS]1.1.3.2.8	住宅厨房家具及厨房设备模数系列	JG/T 219-2007				
[ZPS]1.1.3.2.9	住宅厨房排烟道	JG/T 3028-1995	√			

[ZPS]1.2 结构设计标准　　表21-5

体系编码	标准名称	现行标准	需求情况			备注
			有效	修订	制定	
[ZPS]1.2.1 基础标准						
[ZPS]1.2.1.1 建筑结构术语和符号标准						
[ZPS]1.2.1.1.1	工程结构设计基本术语标准	GB/T 50083-2014		√		增加相关内容
[ZPS]1.2.1.1.2	工程结构设计通用符号标准	GB/T 50132-2014		√		增加相关内容
[ZPS]1.2.1.1.3	建筑地基基础术语标准	GB/T 50941-2014		√		增加相关内容
[ZPS]1.2.1.1.4	岩土工程基本术语标准	GB/T 50279-2014	√			
[ZPS]1.2.1.1.5	岩土工程勘察术语标准	JGJ/T 84-2015	√			
[ZPS]1.2.1.1.6	工程抗震术语标准	JGJ/T 97-2011		√		增加相关内容
[ZPS]1.2.1.2 建筑结构制图标准						
[ZPS]1.2.1.2.1	建筑结构制图标准	GB/T 50105-2010		√		增加相关内容
[ZPS]1.2.1.2.2	装配式混凝土结构制图标准				√	重新制定
[ZPS]1.2.1.3 建筑结构设计基础标准						

续表

体系编码	标准名称	现行标准	需求情况			备注
			有效	修订	制定	
[ZPS]1.2.1.3.1	工程结构可靠性设计统一标准	GB 50153-2008				
[ZPS]1.2.1.3.2	建筑结构可靠度设计统一标准	GB 50068-2001		√		修订中
[ZPS]1.2.1.4 建筑防灾基础标准						
[ZPS]1.2.1.4.1	城市抗震防灾规划标准	GB 50413-2007	√			
[ZPS]1.2.1.4.2	建筑工程抗震设防分类标准	GB 50223-2008	√			
[ZPS]1.2.1.4.3	防洪标准	GB 50201-2014	√			
[ZPS]1.2.1.4.4	建筑设计防火规范	GB 50016-2014	√			[ZPS]1.1.2.2.5
[ZPS]1.2.1.4.5	建筑物防雷设计规范	GB 50057-2010	√			[ZPS]1.1.2.2.6
[ZPS]1.2.2 通用标准						
[ZPS]1.2.2.1 建筑结构荷载通用标准						
[ZPS]1.2.2.1.1	建筑结构荷载规范	GB 50009-2014		√		增加相关内容
[ZPS]1.2.2.2 防灾通用标准						
[ZPS]1.2.2.2.1	建筑抗震设计规范	GB 50011-2010		√		增加相关内容
[ZPS]1.2.2.2.2	构筑物抗震设计规范	GB 50191-2012		√		增加相关内容
[ZPS]1.2.2.3 地基基础通用标准						
[ZPS]1.2.2.3.1	建筑地基基础设计规范	GB 50007-2011	√			
[ZPS]1.2.2.4 混凝土结构通用标准						
[ZPS]1.2.2.4.1	混凝土结构设计规范	GB 50010-2010	√			
[ZPS]1.2.2.4.2	装配式混凝土结构技术规程	JGJ 1-2014	√			

续表

体系编码	标准名称	现行标准	需求情况			备注
			有效	修订	制定	
[ZPS]1.2.2.4.3	高层建筑混凝土结构技术规程	JGJ 3-2010	√			
[ZPS]1.2.2.4.4	混凝土结构耐久性设计规范	GB/T 50476-2008		√		增加相关内容
[ZPS]1.2.3 专用标准						
[ZPS]1.2.3.1 混凝土结构设计专用标准						
[ZPS]1.2.3.1.1	预制预应力混凝土装配整体式框架结构技术规程	JGJ 224-2010		√		
[ZPS]1.2.3.1.2	预制带肋底板混凝土叠合楼板技术规程	JGJ/T 258-2011	√			
[ZPS]1.2.3.1.3	混凝土结构成型钢筋应用技术规程	JGJ 366-2015	√			制订中
[ZPS]1.2.3.1.4	钢筋套筒灌浆连接应用技术规程	JGJ 355-2015	√			制订中
[ZPS]1.2.3.1.5	装配式混凝土结构车库技术规程				√	
[ZPS]1.2.3.1.6	低层装配式混凝土结构技术规程				√	干法连接技术
[ZPS]1.2.3.1.7	钢筋焊接网混凝土结构技术规程	JGJ 114-2014	√			
[ZPS]1.2.3.1.8	装配式刚接劲性组合框撑结构体系技术规程				√	2015年计划
[ZPS]1.2.3.1.9	装配式环筋扣合锚接混凝土剪力墙结构技术规程				√	2015年计划
[ZPS]1.2.3.1.10	聚苯模板混凝土楼盖技术规程				√	2015年计划
[ZPS]1.2.3.1.11	预制混凝土墙板工程技术规程				√	2015年计划

续表

体系编码	标准名称	现行标准	需求情况			备注
			有效	修订	制定	
[ZPS]1.2.3.1.12	聚苯模板保温现浇混凝土技术规程				√	2015年计划
[ZPS]1.2.3.1.13	轻钢轻混凝土结构技术规程				√	
[ZPS]1.2.3.1.14	钢骨架轻型预制板应用技术规程				√	
[ZPS]1.2.3.1.15	工业建筑墙体系统设计与施工规范	JGJ 2-79		√		正在修订中
[ZPS]1.2.3.1.16	钢筋机械连接技术规程	JGJ 107-2010		√		正在修订中
[ZPS]1.2.3.1.17	预应力混凝土异型预制桩技术规程					2015年计划
[ZPS]1.2.3.1.18	轻型钢丝网架聚苯板混凝土构件应用技术规程	JGJ/T 269-2012	√			

[ZPS]1.3 建筑室内装修与部品标准 表21-6

体系编码	标准名称	现行标准	需求情况			备注
			有效	修订	制定	
[ZPS]1.3.1 基础标准						
[ZPS]1.3.1.0.1	房屋建筑室内装饰装修制图标准	JGJ/T 244-2011	√			
[ZPS]1.3.2 通用标准						
[ZPS]1.3.2.1 设计通用标准						
[ZPS]1.3.2.1.1	住宅室内装饰装修设计规范	JGJ 367-2015	√			
[ZPS]1.3.2.2 施工通用标准						
[ZPS]1.3.2.2.1	住宅装饰装修工程施工规范	GB 50327				

续表

体系编码	标准名称	现行标准	需求情况			备注
			有效	修订	制定	
[ZPS]1.3.2.3 验收通用标准						
[ZPS]1.3.2.3.1	建筑装饰装修工程质量验收规范	GB 50210-2001		√		
[ZPS]1.3.2.3.2	住宅装饰装修工程质量验收规范	JGJ/T 304-2013	√			
[ZPS]1.3.3 专用标准						
[ZPS]1.3.3.1 工程专用标准						
[ZPS]1.3.3.1.1	民用建筑工程室内环境污染控制规范	GB 50325-2010	√			
[ZPS]1.3.3.1.2	住宅室内防水工程技术规范	JGJ 298-2013	√			
[ZPS]1.3.3.1.3	建筑装饰装修工程成品保护技术规程					2015年计划
[ZPS]1.3.3.2 产品专用标准						
[ZPS]1.3.3.2.1	室内装饰装修材料内墙涂料中有害物质限量	GB 18582-2008	√			
[ZPS]1.3.3.2.2	建筑装饰用人造石英石板	JG/T 463-2014	√			
[ZPS]1.3.3.2.3	保温装饰板外墙外保温系统材料	JG/T 287-2013	√			
[ZPS]1.3.3.2.4	纤维增强混凝土装饰墙板	JG/T 348-2011	√			
[ZPS]1.3.3.2.5	建筑装饰用石材蜂窝复合板	JG/T 328-2011	√			
[ZPS]1.3.3.2.6	建筑装饰用搪瓷钢板	JG/T 234 -2008	√			
[ZPS]1.3.3.2.7	建筑室内用腻子	JG/T 298-2010	√			

[ZPS]1.4 建筑电气与设备标准 表21-7

体系编码	标准名称	现行标准	需求情况			备注
			有效	修订	制定	
[ZPS]1.4.1 基础标准						
[ZPS]1.4.1.0.1	建筑电气制图标准	GB/T 50786-2012	√			
[ZPS]1.4.2 通用标准						
[ZPS]1.4.2.1 建筑电气设计通用标准						
[ZPS]1.4.2.1.1	智能建筑设计标准	GB 50314-2015	√			
[ZPS]1.4.2.1.2	民用建筑电气设计规范	JGJ 16-2008		√		
[ZPS]1.4.2.1.3	住宅建筑电气设计规范	JGJ 242-2011	√			
[ZPS]1.4.2.2 建筑电气验收通用标准						
[ZPS]1.4.2.2.1	建筑电气工程施工质量验收规范	GB 50303-2015	√			
[ZPS]1.4.2.2.2	智能建筑工程质量验收规范	GB 50339-2013	√			
[ZPS]1.4.3 专用标准						
[ZPS]1.4.3.1 设计专用标准						
[ZPS]1.4.3.1.1	工业建筑供暖通风与空气调节设计规范	GB 50019-2015	√			
[ZPS]1.4.3.1.2	民用建筑采暖通风与空气调节设计规范	GB 50736- 2012	√			
[ZPS]1.4.3.1.3	民用建筑隔声设计规范	GB 50118-2010	√			
[ZPS]1.4.3.1.4	建筑照明设计标准	GB 50034-2013	√			
[ZPS]1.4.3.1.5	民用建筑热工设计规范	GB 50176-93		√		修订中
[ZPS]1.4.3.1.6	公共建筑节能设计标准	GB 50189-2015	√			
[ZPS]1.4.3.1.7	公共建筑节能改造技术规范	JGJ 176-2009				
[ZPS]1.4.3.1.8	住宅新风系统技术规程					2015年计划
[ZPS]1.4.3.2 检测评价专用标准						
[ZPS]1.4.3.2.1	建筑隔声测量规范	GBJ 75-84		√		

续表

体系编码	标准名称	现行标准	需求情况			备注
			有效	修订	制定	
[ZPS]1.4.3.2.2	建筑隔声评价标准	GB/T 50121-2005		√		
[ZPS]1.4.3.2.3	居住建筑节能检测标准	JGJ/T 132-2009	√			
[ZPS]1.4.3.2.4	公共建筑节能检测标准	JGJ/T 177-2009	√			

[ZPS]1.5 信息技术与管理标准 表21-8

体系编码	标准名称	现行标准	需求情况			备注
			有效	修订	制定	
[ZPS]1.5.1 基础标准						
[ZPS]1.5.1.1 术语标准						
[ZPS]1.5.1.1.1	建设领域信息技术应用基本术语标准				√	制定中
[ZPS]1.5.1.2 信息交换标准						
[ZPS]1.5.1.2.1	建设领域信息交换技术标准					待编
[ZPS]1.5.1.2.2	建设领域信息元数据标准					待编
[ZPS]1.5.2 通用标准						
[ZPS]1.5.2.0.1	工程项目信息模型标准					待编
[ZPS]1.5.2.0.2	建筑工程项目监管数据标准					待编
[ZPS]1.5.2.0.3	建筑企业基础数据标准					待编
[ZPS]1.5.2.0.4	建筑企业信息技术应用通用规范					待编
[ZPS]1.5.2.0.5	建筑产品信息系统基础数据规范					待编
[ZPS]1.5.3 专用标准						
[ZPS]1.5.3.0.1	建筑工程信息化专用标准					待编

续表

体系编码	标准名称	现行标准	需求情况			备注
			有效	修订	制定	
[ZPS]1.5.3.0.2	建筑与结构信息模型标准					待编
[ZPS]1.5.3.0.3	建筑工程协同设计信息技术规范					待编
[ZPS]1.5.3.0.4	建筑工程协同施工信息技术规范					待编
[ZPS]1.5.3.0.5	建筑工程质量检测信息系统技术规范					待编
[ZPS]1.5.3.0.6	建筑工程质量安全监管信息系统技术规范					待编
[ZPS]1.5.3.0.7	建筑工程项目监督管理信息系统技术规范					待编
[ZPS]1.5.3.0.8	设计企业信息技术应用规范					待编
[ZPS]1.5.3.0.9	施工企业信息技术应用规范					待编

[ZPS]1.6预制构件生产与运输标准　表21-9

体系编码	标准名称	现行标准	需求情况			备注
			有效	修订	制定	
[ZPS]1.6.1 基础标准						
[ZPS]1.6.2 通用标准						
[ZPS]1.6.2.1 质量控制标准						
[ZPS]1.6.2.1.1	工厂预制混凝土构件质量管理标准					2016年计划
[ZPS]1.6.2.2 运输标准						
[ZPS]1.6.2.2.1	预制构件运输车辆标准					待编

续表

体系编码	标准名称	现行标准	需求情况			备注
			有效	修订	制定	
[ZPS]1.6.2.2.2	预制构件运输技术标准					待编
[ZPS]1.6.3 专用标准						
[ZPS]1.6.3.1 设计专用标准						
[ZPS]1.6.3.1.1	预制预应力混凝土装配整体式框架结构技术规程	JGJ 224-2010		√		[ZPS]1.2.3.1.1
[ZPS]1.6.3.1.2	预制带肋底板混凝土叠合楼板技术规程	JGJ/T 258-2011	√			[ZPS]1.2.3.1.2
[ZPS]1.6.3.1.3	预制混凝土墙板工程技术规程				√	[ZPS]1.2.3.1.11 2015年计划
[ZPS]1.6.3.1.4	钢骨架轻型预制板应用技术规程				√	[ZPS]1.2.3.1.14
[ZPS]1.6.3.1.5	预应力混凝土异型预制桩技术规程					[ZPS]1.2.3.1.18 2015年计划
[ZPS]1.6.3.2 设备类专用标准						
[ZPS]1.6.3.2.1	塔式起重机车轮技术条件	JG/T 53-1999	√			
[ZPS]1.6.3.2.2	履带起重机安全规范	JG/T 5055-1994	√			
[ZPS]1.6.3.2.3	混凝土空心板挤压成型机	JG/T 113-1999	√			
[ZPS]1.6.3.2.4	混凝土空心板推挤成型机	JG/T 114-1999	√			
[ZPS]1.6.3.2.5	钢筋套筒挤压机	JG/T 145-2002	√			
[ZPS]1.6.3.2.6	钢筋直螺纹成型机	JG/T 146-2002	√			

续表

体系编码	标准名称	现行标准	需求情况			备注
			有效	修订	制定	
[ZPS]1.6.3.2.7	冷轧带肋钢筋成型机	JG/T 5080-1996	√			
[ZPS]1.6.3.2.8	钢筋弯曲机	JG/T 5081-1996	√			
[ZPS]1.6.3.2.9	建筑机械与设备 焊接件通用技术条件	JG/T 5082.1-1996	√			
[ZPS]1.6.3.2.10	钢筋切断机	JG/T 5085-1996	√			
[ZPS]1.6.3.2.11	钢筋调直切断机	JG/T 5086-1996	√			
[ZPS]1.6.3.2.12	预应力钢筋张拉机	JG/T 5096-1997	√			
[ZPS]1.6.3.2.13	钢筋锥螺纹套丝机	JG/T 5114-1999	√			
[ZPS]1.6.3.2.14	钢筋网成型机	JG/T 5115-1999	√			
[ZPS]1.6.3.3 构、配件专用标准						
[ZPS] 1.6.3.3.1	预制保温墙体用连接件					制定中
[ZPS] 1.6.3.3.2	建筑用槽式预埋组件					制定中
[ZPS] 1.6.3.3.3	预制混凝土楼梯			√		修订中，替代《住宅楼梯 预制混凝土梯段》JG 3002.1-92、《住宅楼梯 预制混凝土中间平台》JG 3002.2-92
[ZPS] 1.6.3.3.4	预制混凝土构件钢模板	JG/T 3032-1996	√			
[ZPS] 1.6.3.3.5	预应力混凝土空心板	GB/T 14040-2007	√			
[ZPS] 1.6.3.3.6	预应力用锚具、夹具和连接器	GB/T 14370-2007	√			

续表

体系编码	标准名称	现行标准	需求情况			备注
			有效	修订	制定	
[ZPS] 1.6.3.3.7	预拌混凝土	GB/T 14902-2012	√			
[ZPS] 1.6.3.3.8	叠合板用预应力混凝土底板	GB/T 16727-2007	√			
[ZPS] 1.6.3.3.9	预应力混凝土肋形屋面板	GB/T 16728-2007	√			
[ZPS]1.6.3.3.10	外墙内保温板	JG/T 159-2004	√			
[ZPS]1.6.3.3.11	叠合装配式预制混凝土构件		√			2015年计划
[ZPS]1.6.3.3.12	钢筋连接用套筒灌浆料	JG/T 408-2013	√			
[ZPS]1.6.3.3.13	倒T形预应力叠合模板	JG/T 461-2014	√			
[ZPS]1.6.3.3.14	钢筋桁架楼层板	JG/T 368-2012	√			
[ZPS]1.6.3.3.15	钢筋连接用灌浆套筒	JG/T 398-2012	√			
[ZPS]1.6.3.3.16	住宅厨房排烟道	JG/T 3028-1995		√		

[ZPS]1.7建筑施工与验收标准　　表21-10

体系编码	标准名称	现行标准	需求情况			备注
			有效	修订	制定	
[ZPS]1.7.1 基础标准						
[ZPS]1.7.1.0.1	建筑工程施工质量验收统一标准	GB 50300-2013		√		
[ZPS]1.7.2 通用标准						
[ZPS]1.7.2.1 施工安全标准						
[ZPS]1.7.2.1.1	建筑机械使用安全技术规程	JGJ 33-2012	√			
[ZPS]1.7.2.1.2	建筑施工安全技术统一规范	GB 50870-2013	√			

续表

体系编码	标准名称	现行标准	需求情况			备注
			有效	修订	制定	
[ZPS]1.7.2.2 施工标准						
[ZPS]1.7.2.2.1	建筑地基基础工程施工规范	GB 51004-2015	√			
[ZPS]1.7.2.2.2	混凝土结构工程施工规范	GB 50666-2011	√			
[ZPS]1.7.2.3 施工验收标准						
[ZPS]1.7.2.3.1	建筑地基基础工程施工质量验收规范	GB 50202-2002		√		
[ZPS]1.7.2.3.2	混凝土结构工程施工质量验收规范	GB 50204-2015	√			
[ZPS]1.7.2.3.3	装配式混凝土结构施工及验收规程					待编
[ZPS]1.7.3 专用标准						
[ZPS]1.7.3.1 应用专用标准						
[ZPS]1.7.3.1.1	预应力筋用锚具、夹具和连接器应用技术规程	JGJ 85-2010			√	
[ZPS]1.7.3.1.2	混凝土外加剂应用技术规程	GB 50119-2003	√			
[ZPS]1.7.3.1.3	轻骨料混凝土技术规范	JGJ 51-2002	√			
[ZPS]1.7.3.1.4	混凝土质量控制标准	GB 50164-92	√			
[ZPS]1.7.3.1.5	普通混凝土用砂、石质量标准及检验方法	JGJ 52-2007	√			
[ZPS]1.7.3.1.6	普通混凝土配合比设计规程	JGJ 55-2000	√			
[ZPS]1.7.3.1.7	混凝土用水标准	JGJ 63-2006	√			
[ZPS]1.7.3.1.8	砌筑砂浆配合比设计规程	JGJ/T 98-2000	√			
[ZPS]1.7.3.1.9	海砂混凝土应用技术规范	JGJ 206-2010	√			
[ZPS]1.7.3.1.10	钢筋锚固板应用技术规程	JGJ 256-2011	√			
[ZPS]1.7.3.1.11	高强混凝土应用技术规程	JGJ/T 281-2012	√			

续表

体系编码	标准名称	现行标准	需求情况			备注
			有效	修订	制定	
[ZPS]1.7.3.1.12	自密实混凝土应用技术规程	JGJ/T 283-2012	√			
[ZPS]1.7.3.1.13	泡沫混凝土应用技术规程	JGJ/T 341-2014	√			
[ZPS]1.7.3.1.14	磷渣混凝土应用技术规程	JGJ/T 308-2013	√			
[ZPS]1.7.3.1.15	预拌砂浆应用技术规程	JGJ/T 223-2010	√			
[ZPS]1.7.3.2 施工专用标准						
[ZPS]1.7.3.2.1	建筑工程绿色施工规范	GB/T 50905-2014	√			
[ZPS]1.7.3.2.2	建筑深基坑工程施工安全技术规范	JGJ 311-2013	√			
[ZPS]1.7.3.2.3	混凝土泵送施工技术规程	JGJ/T 10-2011	√			
[ZPS]1.7.3.2.4	建设工程施工现场环境与卫生标准	JGJ 146-2013	√			
[ZPS]1.7.3.3 脚手架、模板等专用标准						
[ZPS]1.7.3.3.1	建筑施工起重吊装工程安全技术规范	JGJ 276-2012	√			
[ZPS]1.7.3.3.2	建筑施工门式钢管脚手架安全技术规范	JGJ 128-2010	√			
[ZPS]1.7.3.3.3	建筑施工碗扣式钢管脚手架安全技术规范	JGJ 166-2008	√			
[ZPS]1.7.3.3.4	建筑施工木脚手架安全技术规范	JGJ 164-2008	√			
[ZPS]1.7.3.3.5	建筑施工模板安全技术规范	JGJ 162-2008	√			
[ZPS]1.7.3.3.6	建筑施工临时支撑结构技术规范	JGJ 300-2013	√			
[ZPS]1.7.3.3.7	建筑施工竹脚手架安全技术规范	JGJ 254-2011	√			
[ZPS]1.7.3.3.8	建筑施工工具式脚手架安全技术规范	JGJ 202-2010	√			

续表

体系编码	标准名称	现行标准	需求情况			备注
			有效	修订	制定	
[ZPS]1.7.3.3.9	液压升降整体脚手架安全技术规程	JGJ 183-2009	√			
[ZPS]1.7.3.4 施工监测专用标准						
[ZPS]1.7.3.4.1	建筑工程施工过程结构分析与监测技术规范	JGJ/T 302-2013	√			
[ZPS]1.7.3.4.2	建筑工程施工现场视频监控技术规范	JGJ/T 292-2012	√			
[ZPS]1.7.3.5 产品专用标准						
[ZPS]1.7.3.5.1	建筑施工用木工字梁	JG/T 425-2013	√			
[ZPS]1.7.3.5.2	建筑用组装式桁架及支撑					已报批

[ZPS]1.8 建筑维护与再利用标准 表21-11

体系编码	标准名称	现行标准	需求情况			备注
			有效	修订	制定	
[ZPS]1.8.1 基础标准						
[ZPS]1.8.1.0.1	建筑拆除与再利用统一标准				√	待编
[ZPS]1.8.2 通用标准						
[ZPS]1.8.2.1 加固通用标准						
[ZPS]1.8.2.1.1	混凝土结构加固设计规范	GB 50367-2013		√		
[ZPS]1.8.2.1.2	建筑抗震加固技术规程	JGJ 116-2009	√			
[ZPS]1.8.2.1.3	建筑结构加固工程施工质量验收规范	GB 50550-2010	√			
[ZPS]1.8.2.1.4	工程结构加固材料安全性鉴定技术规范	GB 50728-2011	√			
[ZPS]1.8.2.2 改造通用标准						
[ZPS]1.8.2.2.1	既有居住建筑节能改造技术规程	JGJ/T 129-2012	√			

续表

体系编码	标准名称	现行标准	需求情况			备注
			有效	修订	制定	
[ZPS]1.8.2.2.2	既有建筑绿色改造评价标准	GB/T 51141-2015	√			
[ZPS]1.8.2.3 维护与修缮通用标准						
[ZPS]1.8.2.3.1	既有房屋修缮工程查勘与设计规范	JGJ 117-98		√		修订中
[ZPS]1.8.2.3.2	既有房屋修缮工程施工与验收规范	CJJ/T 52-93		√		修订中
[ZPS]1.8.2.4 再利用通用标准						
[ZPS]1.8.2.4.1	工程施工废弃物再生利用技术规范	GB/T 50743-2012	√			
[ZPS]1.8.2.4.2	可再生能源建筑应用工程评价标准	GB/T 50801-2013	√			
[ZPS]1.8.3 专用标准						
[ZPS]1.8.3.1 加固专用标准						
[ZPS]1.8.3.1.1	既有建筑地基基础加固技术规范	JGJ 123-2012	√			
[ZPS]1.8.3.1.2	建筑边坡工程鉴定与加固技术规范	GB 50843-2013	√			
[ZPS]1.8.3.1.3	钢绞线网片聚合物砂浆加固技术规程	JGJ 337-2015	√			
[ZPS]1.8.3.1.4	建筑结构体外预应力加固技术规程	JGJ/T 279-2012	√			
[ZPS]1.8.3.1.5	预应力高强钢丝绳加固混凝土结构技术规程	JGJ/T 325-2014	√			
[ZPS]1.8.3.2 改造专用标准						
[ZPS]1.8.3.2.1	公共建筑节能改造技术规范	JGJ 176-2009	√			
[ZPS]1.8.3.3 维护与修缮专用标准						
[ZPS]1.8.3.3.1	房屋渗漏修缮技术规程	JGJ/T 53-2011	√			
[ZPS]1.8.3.3.2	建筑外墙清洗维护技术规程	JGJ 168-2009	√			

续表

体系编码	标准名称	现行标准	需求情况			备注
			有效	修订	制定	
[ZPS]1.8.3.3.3	建筑外墙外保温系统修缮标准	JGJ 376-2015	√			
[ZPS]1.8.3.4 再利用专用标准						
[ZPS]1.8.3.4.1	再生骨料应用技术规程	JGJ/T 240-2011	√			
[ZPS]1.8.3.5 产品专用标准						
[ZPS]1.8.3.5.1	混凝土和砂浆用再生细骨料	GB/T 25176-2010	√			
[ZPS]1.8.3.5.2	混凝土用再生粗骨料	GB/T 25177-2010	√			
[ZPS]1.8.3.5.3	粘钢加固用建筑结构胶	JG/T 271-2010	√			
[ZPS]1.8.3.5.4	结构加固修复用玻璃纤维布	JG/T 284-2010	√			
[ZPS]1.8.3.5.5	混凝土结构加固用聚合物砂浆	JG/T 289-2010	√			
[ZPS]1.8.3.5.6	结构加固用玄武岩纤维片材	JG/T 365-2012	√			
[ZPS]1.8.3.5.7	既有采暖居住建筑节能改造能效测评方法	JG/T 448-2014	√			

编写人员：

负责人及统稿：

李晓明：中国建筑标准设计研究院

武洁青：住房和城乡建设部住宅产业化促进中心

参加人员：

朱爱萍：中国建筑科学研究院

杜阳阳：住房和城乡建设部住宅产业化促进中心

张　沂：北京市建筑设计研究院有限公司

Topic 22

专题22

装配式混凝土建筑设计

主要观点摘要

一、发展现状

随着装配式建筑的发展，北京、上海、沈阳、深圳等地的设计单位不断进行科研投入，并承担了大量工程项目，积累了丰富的实践经验，设计能力和水平快速提升，为下一步装配式建筑规模推广奠定了行业基础。

装配式混凝土结构建筑设计水平按照对技术和产品的集成、对生产和施工工艺及管理的协调、对建造和使用全过程的统筹等方面的实施水平和控制方式划分，由低到高大致分为以下五个层次：

（1）基于预制构件“拆分”的结构设计——以符合现行国家标准和政策规定为目标的结构设计方式。

（2）基于预制构件组合的结构体系设计——以满足结构的安全性、合理性等为需求的装配式混凝土结构设计方法。

（3）基于建筑各系统配合、标准化设计理念和模数协调原则的建筑体系设计——以满足建筑的适用性、合理性等为需求的装配式混凝土结构建筑设计方法。

（4）基于建筑设计、装修、生产和施工、部品部件等一体化的工程设计——以满足建造全过程的质量、效率为目标的设计—服务一体化的方式。

（5）基于建筑全寿命期的性能、品质和经济性等的项目全过程设计—实施—控制一体化的方式。

二、主要问题

（1）设计能力不足：由于近十几年来建筑行业的分工条块化，导致设计与项目策划和组织实施、生产和施工结合、技术和产品运用、质量和品质保证等方面的脱节现象愈来愈严重，设计分包现象普遍存在，总体把控缺位，设计行业从业的建筑师和工程师对建筑技术、质量、效率和效益的总体控制能力大幅度下降。

（2）审查制度缺陷：①施工图审查制度已经成为技术正常运用及创新的最大障碍之一。②审查人员对装配式建筑技术了解不足，对政策的把控能力不够，技术审查不考虑工程的实际情况，自行解释规范的执行标准等问题相当普遍；某些地方甚至将审查“违反强条”的数量作为对审查机构年审的重要指标。③现行的超限审查制度对创新技术存在一定的约束性。

（3）设计标准需要进一步提升：目前采用的设计标准和质量保证标准水平偏低，而基于建筑品质的评价标准体系缺失，导致“高价低质”。

（4）装配式建筑设计能力培养：设计行业从业的建筑师和工程师对预制混凝土技术及其特点的了解程度普遍较低，甚至是空白，大部分项目依然需要二次拆分，不符合装配式建筑整体设计要求。

（5）设计的标准化程度低、模块化设计应用少：标准化设计是装配式建筑的内在要求。因为缺乏标准化设计，导致部品与建筑之间、部品与部品之间模数不协调，无法发挥出部品部件工业化生产的优势。

三、建议

（1）以工业化、产业化、信息化的思维重新建立装配式建筑设计理念。

（2）将设计模式由面向现场施工转变为面向工厂加工和现场施工的新模式，将施工阶段的问题提前至设计、生产阶段解决。

（3）加强建筑专业、结构专业、机电专业、装修的协同设计能力，形成完整的协作机制。

（4）加强住宅标准化设计：

①设计层面：分类型建立住宅设计标准体系。

根据住宅性质分别建立统一的设计标准体系：建立商品住宅标准设计体系、保障性住房标准设计体系等行业标准设计体系，从设计源头推动标准化设计体系的建立。

②生产层面：建立模块化生产标准。

根据标准化设计体系细分模块化部品，按照市场细分原则，促进产业化发展模式推广。以通用的标准贯穿设计与制造全过程，可使各类部位的制造过程更加集约，实现部品部件的责任分包，保证产品的质量。

③施工层面：建立标准化施工原则。

标准化的设计体系和模块化的生产方式，契合工业化批量建造模式。在前期设计中综合考虑这些因素，将施工节点、安装节点等标准化，后期就可以选择具有适应性的工业化建造方法，形成单个户型的“标准化部品施工装修包”，利用BIM信息模型对建筑中各种部品信息进行全过程信息跟踪，实现真正的装配式装修与施工。

1 发展现状

装配式混凝土结构建筑设计按照对技术和产品的集成、对生产和施工工艺及管理的协调、对建造和使用全过程的统筹等方面的实施水平和控制方式划分，大致分为以下五个层次：

第一层次：基于预制构件“拆分”的结构设计——以符合现行国家标准规定和政策规定为目标的设计方式。

这是目前大多数设计单位和工程项目采用的方式。这种方式是在现有的技术规范管理体系下，对于预制混凝土技术尚无经验的设计企业在转型初期的一种表现。在这个阶段，一部分有经验的预制混凝土生产厂家和新兴的设计咨询类企业成为设计企业做项目的主导者。具体的表现是：①整体设计水平不高，甚至在很多方面存在着结构安全和建筑使用的隐患；②设计企业与生产厂家或咨询企业的联合往往是由建设单位就具体项目促成的，很难建立长期的合作关系，这使得设计企业在自身的技术、组织方式转型和发展中受到了不正确的引导而难以创新。

第二层次：基于预制构件组合的结构体系设计——以满足结构的安全性、合理性等为需求的装配式混凝土设计方法。

这种设计方式是基于对装配式结构体系有比较全面的了解和技术掌握能力后逐步形成的。目前在国内的设计企业中，已经有部分企业开始向这种方式转变。

第三层次：基于建筑各系统配合、标准化设计理念和模数协调原则的建筑体系设计——以满足建筑的适用性、合理性等为需求的装配式混凝土建筑设计方法。

这种设计方式是将建筑设计作为一个整体协调的系统，将装配式结构体系应用和装配式混凝土技术作为系统中的一项适用技术，并与建筑功能和表达、装饰装修和机电系统等进行统筹。目前，只有少数具有较大规模的设计企业，通过组织机制和工作模式的转变以及专业技术人员的培育等努力具备这种能力。

第四层次：基于建筑设计、生产和施工、装修、部品部件等一体化的工程设计——以满足建造全过程的质量、效率为目标的设计—服务一体化的方式。

这种设计方式需要对装配式建筑具有比较深入的理解，除了对建筑设计本身具有较高的水准，还需要对建筑产品策划、建造过程的掌控以及适用技术的应用等具有一定的认知。目前，设计企业普遍缺少这些方面的综合能力，而且受制于工程建设的组织方式，这种设计形式很难在短时期内得到推广。

第五层次：基于建筑全寿命期的性能、品质和经济性等的项目全过程设计—实施—控制一体化的方式。

这种设计模式应当是与工程建设总承包、开发与运维一体化等同步发展形成的，应当是未来发展的方向。

2 协同设计发展情况

我国正处于快速推进“新型城镇化”的进程之中，由过去片面追求城市规模扩张，改变为全面提升城市的文化内涵，贯彻经济、适用、绿色、美观的建筑方针，全面改善城镇的发展品质，这对我国的建筑行业的产业转型、节能减排、品质提升等方面提出了更高的要求。

装配式建筑是以先进的工业化、信息化、智能化技术为支撑，通过技术集成和管理集成，整合投资、设计、生产、施工和运营等产业链，实现建筑业生产方式的变革和产业组织模式的创新，通过工业化的生产和管理模式，来代替分散的、低水平的、低效率的手工生产方式。发展装配式建筑是建筑业从粗放型向集约型转变的有效方式，是提高工程质量、摆脱手工作业的重要途径，是建筑业实现可持续发展和转型升级的必然选择。

绿色低碳、节能环保、健康生态、可持续发展等现代新理念对于建筑发展产生了巨大的影响，对于建筑的设计、施工、使用方式都提出了更高、更科学的新要求。装配式建筑的主要特征是生产方式的工业化，具体体现在五个方面：标准化设计、工厂化生产、装配化施工、一体化装修和信息化管理（图22-1），从根本上克服了传统建造方式的不足，打破了设计、生产、施工、装修等环节各自为战的局限性，实现了建筑产业链上下游的高度协同。

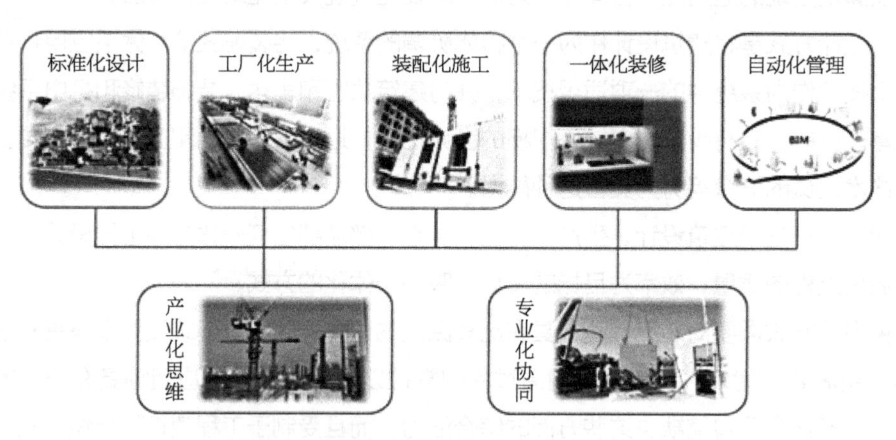

图22-1 实现装配式建筑“五化合一”的有效途径

我国建筑行业的转型升级，首先需要升级的是行业思维模式和生产组织方式，因此在“五化合一”之外，我们更应该运用“产业化思维”来实现“专业化协同”。传统建筑设计模式是面向现场施工，很多问题要到施工阶段才能够暴露出来，装配式建筑的重要作用在于将施工阶段的问题提前至设计、生产阶段解决，将设计模式由面向现场施工转变为面向工厂加工和现场施工的新模式，这就要求我们运用产业化的目光审视我们原有的知识结构和技术体系，采用产业化的思维重新建立企业之间的分工与合作，使研发、设计、生产、施工以及装修形成完整的协作机制。随着装配式建筑的推进，"产业化思维"必将重塑中国的建筑行业，促使中国的建筑行业从"数量时代"跨越到"质量时代"。

2.1 装配式建筑工作流程协同要点

装配式建筑设计应考虑实现标准化设计、工厂化生产、装配化施工、一体化装修和信息化管理，可以全面提升住宅品质，降低住宅建造和使用的成本。影响装配式建筑实施的因素有技术水平、生产工艺、管理水平、生产能力、运输条件、建设周期等方面。与采用现浇结构建筑的建设流程（图22-2）相比，装配式建筑的建设流程（图22-3）更全面、更精细、更综合，增加了技术策划、工厂生产、一体化装修等过程。

在装配式建筑的建设流程中，需要建设、设计、生产和施工等单位精心配合，协同工作（图22-4）。在方案设计阶段之前应增加前期技术策划环节，为配合预制构件的生产加工应增加预制构件加工图纸设计环节。

在装配式建筑设计中，前期技术策划对项目的实施起到十分重要的作用，设计单位应充分了解项目定位、建设规模、产业化目标、成本限额、外部条件等影响因素，制定合理的建筑设计方案，提高预制构件的标准化程度，并与建设单位共同确定技术实施方案，为

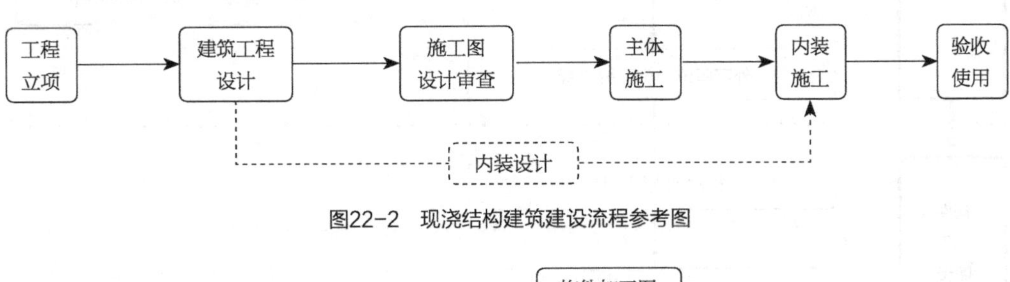

图22-2 现浇结构建筑建设流程参考图

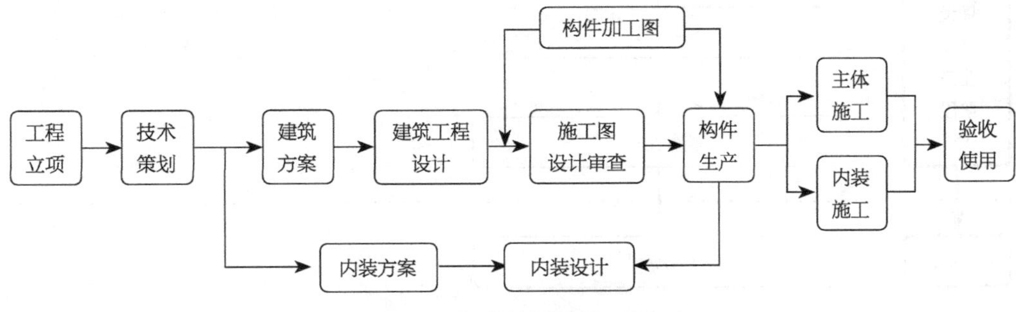

图22-3 装配式建筑建设流程参考图

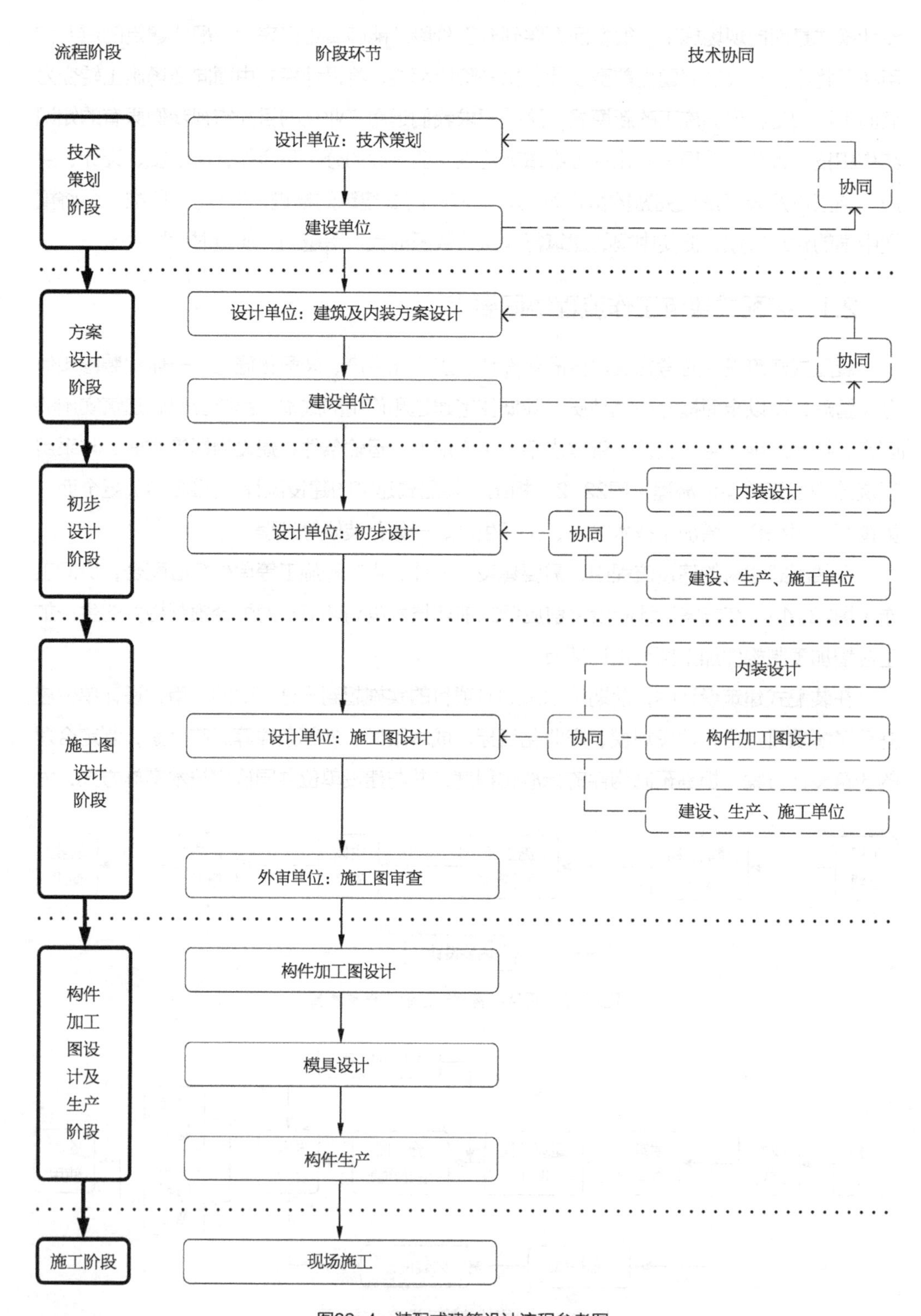

图22-4 装配式建筑设计流程参考图

后续的设计工作提供设计依据。

在方案设计阶段应根据技术策划要点做好平面设计和立面设计。平面设计在保证满足使用功能的基础上，实现住宅套型设计的标准化与系列化，遵循预制构件“少规格、多组合”的设计原则。立面设计考虑构件宜生产加工的可能性，根据装配式建造方式的特点实现立面的个性化和多样化。

初步设计阶段应联合各专业的技术要点进行协同设计。优化预制构件种类，充分考虑机电专业管线预留预埋，进行专项的经济性评估，分析影响成本的因素，制定合理的技术措施。

施工图设计阶段按照初步设计阶段制定的技术措施进行设计。各专业根据预制构件、内装部品、设备设施等生产企业提供的设计参数，深化施工图中各专业预留预埋条件。充分考虑连接节点处的防水、防火、隔声等设计。

构件加工图纸可由设计单位与预制构件加工厂配合完成，建筑专业可根据需要提供预制构件的尺寸控制图。建筑设计可采用BIM技术，提高预制构件设计完成度与精确度。

2.2 建筑专业协同

装配式建筑平面设计应遵循模数协调原则，优化套型模块的尺寸和种类，实现住宅预制构件和内装部品的标准化、系列化和通用化，完善装配式建筑配套应用技术，提升工程质量，降低建造成本。以住宅建筑为例，在方案设计阶段应对住宅空间按照不同的使用功能进行合理划分，结合设计规范、项目定位及产业化目标等要求，确定套型模块及其组合形式。平面设计可以通过研究符合装配式结构特性的模数系列，形成一定标准化的功能模块，再结合实际的定位要求等形成适合工业化建造的套型模块，由套型模块再组合形成最终的单元模块（图22-5）。

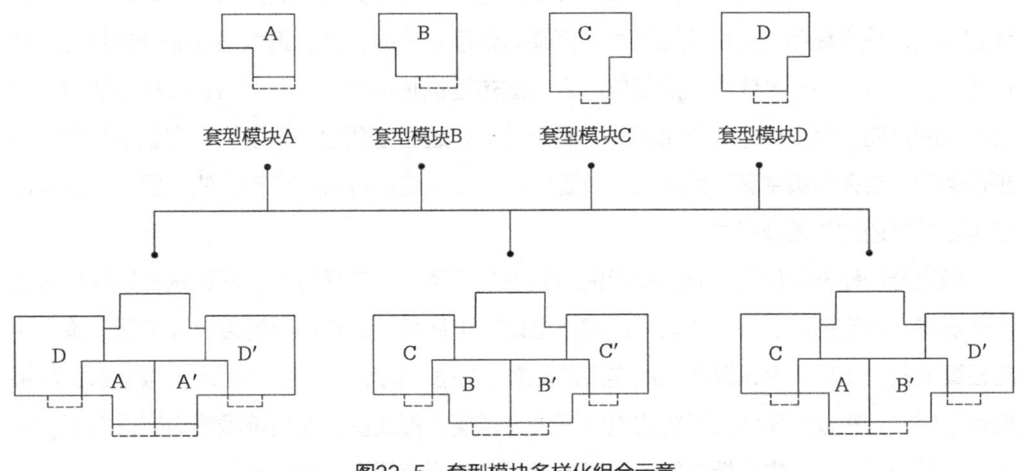

图22-5 套型模块多样化组合示意

建筑平面宜选用大空间的平面布局方式，合理布置承重墙及管井管线位置，实现住宅空间的灵活性、可变性。套内各功能空间分区明确、布局合理。通过合理的结构选型，减少套内承重墙体的出现，使用工业化生产的易于拆改的内隔墙划分套内功能空间。

2.3 结构专业协同

装配式建筑体型、平面布置及构造应符合抗震设计的原则和要求。为满足工业化建造的要求，预制构件设计应遵循受力合理、连接简单、施工方便、少规格、多组合的原则，选择适宜的预制构件尺寸和重量，方便加工运输，提高工程质量，控制建设成本。

建筑承重墙、柱等竖向构件宜上下连续，门窗洞口宜上下对齐，成列布置，不宜采用转角窗。门窗洞口的平面位置和尺寸应满足结构受力及预制构件设计要求。

2.4 机电专业协同

装配式建筑应考虑公共空间竖向管井位置、尺寸及共用的可能性，将其设于易于检修的部位。竖向管线的设置宜相对集中，水平管线的排布应减少交叉。穿预制构件的管线应预留或预埋套管，穿预制楼板的管道应预留洞，穿预制梁的管道应预留或预埋套管。管井及吊顶内的设备管线安装应牢固可靠，应设置方便更换、维修的检修门（孔）等。住宅套内宜优先采用同层排水，同层排水的房间应有可靠的防水构造措施。采用整体卫浴、整体厨房时，应与厂家配合土建预留净尺寸及设备管道接口的位置及要求。太阳能热水系统集热器、储水罐等的安装应与建筑一体化设计，结构主体做好预留预埋。

供暖系统的主立管及分户控制阀门等部件应设置在公共空间竖向管井内，户内供暖管线宜设置为独立环路。采用低温热水地面辐射供暖系统时，分、集水器宜配合建筑地面垫层的做法设置在便于维修管理的部位。采用散热器供暖系统时，合理布置散热器位置、采暖管线的走向。采用分体式空调机时，满足卧室、起居室预留空调设施的安装位置和预留预埋条件。当采用集中新风系统时，应确定设备及风道的位置和走向。住宅厨房及卫生间应确定排气道的位置及尺寸。

确定分户配电箱位置，分户墙两侧暗装电气设备不应连通设置。预制构件设计应考虑内装要求，确定插座、灯具位置以及网络接口、电话接口、有线电视接口等位置。确定线路设置位置与垫层、墙体以及分段连接的配置，在预制墙体内、叠合板内暗敷设时，应采用线管保护。在预制墙体上设置的电气开关、插座、接线盒、连接管线等均应进行预留预埋。在预制外墙板、内墙板的门窗过梁及锚固区内不应埋设设备管线。

2.5 装配式内装修设计协同

装配式建筑的装配式内装修设计应遵循建筑、装修、部品一体化的设计原则，部品体系应满足国家相应标准要求，达到安全、经济、节能、环保等各项标准，部品体系应实现集成化的成套供应。

部品和构件宜通过优化参数、公差配合和接口技术等措施，提高部品和构件互换性和通用性。装配式内装设计应综合考虑不同材料、设备、设施的不同使用年限，装修部品应具有可变性和适用性，便于施工安装、使用维护和维修改造。

装配式内装的材料、设备在与预制构件连接时宜采用SI住宅体系的支撑体与填充体分离技术进行设计，当条件不具备时宜采用预留预埋的安装方式，不应剔凿预制构件及其现浇节点，否则影响主体结构安全性。

2.6 装配式建筑设计协同发展情况

装配式建筑符合建筑可持续发展的理念，是我国房屋建设发展的必然趋势。目前，装配式建筑项目实施过程中，项目相关方（投资方、设计方、生产方、施工方等）均已认识到协同工作的重要性，加强前期技术策划阶段的分析研究工作，注重建筑、结构、机电专业间的配合，持续优化构件类型，机电专业精确定位，为构件加工图的深化设计创造基础条件，同时现场服务工作也得到极大的加强。但是，应该清晰地看到，当前的装配式建筑设计工作仍处于探索阶段，整体从业人员专业化水平有待提高，装配式建造体系有待进一步完善，受传统思维和建造成本提高的影响，机电专业管线敷设仍未摆脱传统现浇结构的安装方式。除北京市外，其他城市尚未出台成品住宅交付的规定，导致土建与装修严重脱节，不能充分发挥装配式建筑的技术、效率、环保、节材以及运行维护方面的技术优势。

对于建筑设计方面的协同工作，我们需要深刻了解装配式建筑与传统现浇结构建筑存在着较大的差异，严格落实各专业、各环节，甚至各行业的协同配合，才能真正确保工程质量，提高建设效率，提升建筑品质，实现“四节一环保”的目标，促成装配式建筑的健康发展。

3 标准化设计体系

将住宅的设计过程作为一个整体纳入标准化的范畴，建立一套适用住宅的标准化体系，这套设计体系主要包含以下几个方面：①通过与各个部品厂家合作，搭建一个开放信息平台，应用BIM技术建立可视化信息模型库，将住宅相关部品分类并录入该信息库；②依据人体工程学原理和精细化设计方法，实现各使用功能空间的标准化设计；③通过对本地区居民生活习惯的调研以及相关政策对户型的面积标准要求，实现功能空间的有机组合形成户型的标准化设计；④综合本地气候环境及场地适应性，将标准户型进行多样化的组合，同时应用多种绿色建筑技术，实现节能环保的组合平面及楼栋的标准化设计；⑤依据不同性质的住宅配套设施和社区规划，最终形成多样化住宅成套标准化设计体系（图22-6）。

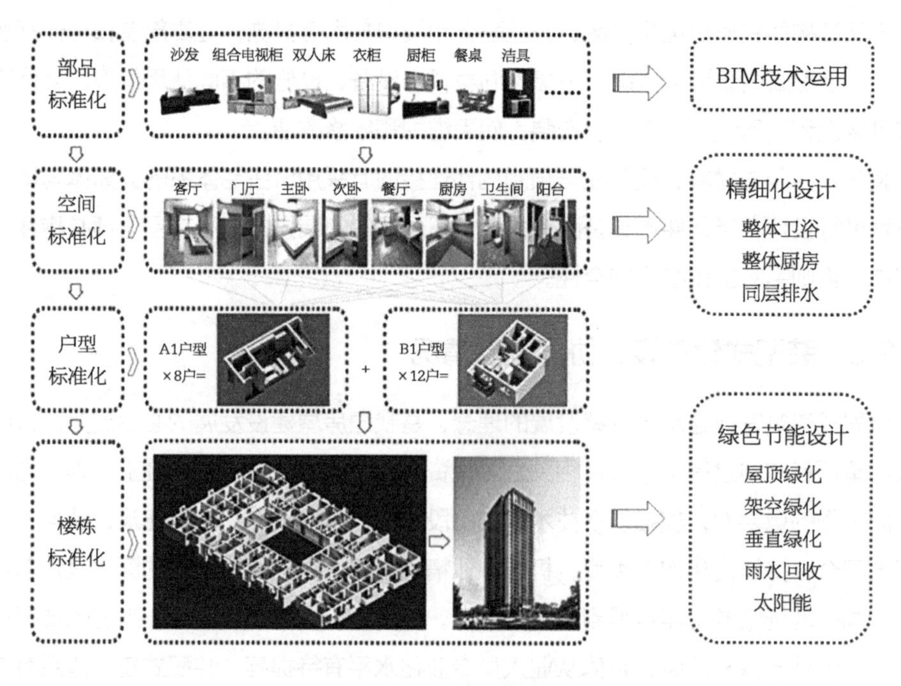

图22-6 住房标准化设计体系

住宅标准化、模块化设计研究的目标是通过研究成果系统地解决目前住宅建设中存在的设计欠合理、建造质量偏低、工期长、建造方式粗放、能耗大等诸多问题，推广应用工业化的建造方式，快速而健康地推进住宅产业链的整合与发展。解决这些问题的关键在于如何对项目的全过程进行标准化设计，促使产品标准化与规范化。标准化就是建立一个行业产品的基准平台，主要包含两个层面：一是标准化的操作模式，包括技术标准与模块设计；二是标准化的产品体系。整个标准化体系的研究范围涵盖了从部品部件标准化到整个建筑楼栋标准化的各个层面，考虑建筑功能、使用需求、立面效果以及维护维修等在内的各个环节。

整个过程以模块化设计生产为理论依据，首先通过对市场产品与使用者需求的调研，运用BIM技术建立标准化部品部件库，使得每种部品都附带了编号、名称、型号规格、成本等信息（图22-7）。对住宅的各个功能空间模块进行精细化设计，将部品库的家具等模型置入各个单元模块中，通过多样化的组合形成符合使用者实际需求的户型、楼栋乃至整个社区，并融入工业化设计与绿色节能设计的先进技术理念，实现从设计、建造到管理维护全过程的住宅标准化体系的建立。

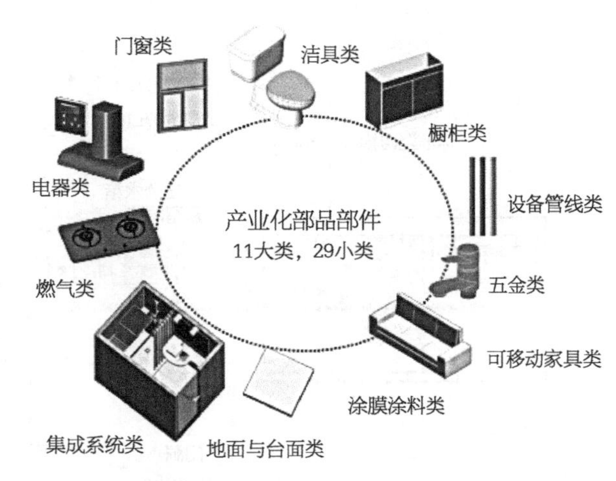

图22-7 住宅BIM产业化部品部件库

4 模数及模数协调

标准化是装配式建筑发展的基础，而其中最核心的环节是建立一整套具有适应性的模数以及模数协调原则。它可以使建筑部品实现通用性和互换性，遵循模数协调原则，全面实现尺寸的配合，能够保证房屋在建设过程中，在功能、质量、技术和经济等方面获得最优的方案，促进房屋从粗放型手工建造转化为集约型的工业化装配。

在本研究中建立的模数网格是通过对建筑结构、使用空间以及各部品之间的协调设计而建立的。建筑设计以结构开间网格为主，因此应考虑室内部品（如瓷砖、整体卫浴）的安装尺寸与安装误差，使建筑模数网格与室内装修模数网格之间达到协调一致，避免由结构网格引起的产业化标准部品安装困难等问题，确保最终的装修过程能够提高效率和大规模建造的经济性。

建筑内装设计应以完成面为基准，以厨房、卫生间为例，对于地面和墙壁的装修以陶瓷面砖为主。陶瓷面砖常用尺寸为300mm×300mm的模数网格，为了加快施工速度、减少材料损耗，装修时应尽量避免“切砖”，因此需要考虑墙体贴砖的厚度（25mm）和贴砖后厨卫空间的净尺寸（n×300mm）要求（图22-8）。此外，还应考虑门窗洞口的模数尺寸，确保在设计环节对各个部位的安装尺寸进行统一协调（图22-9）。

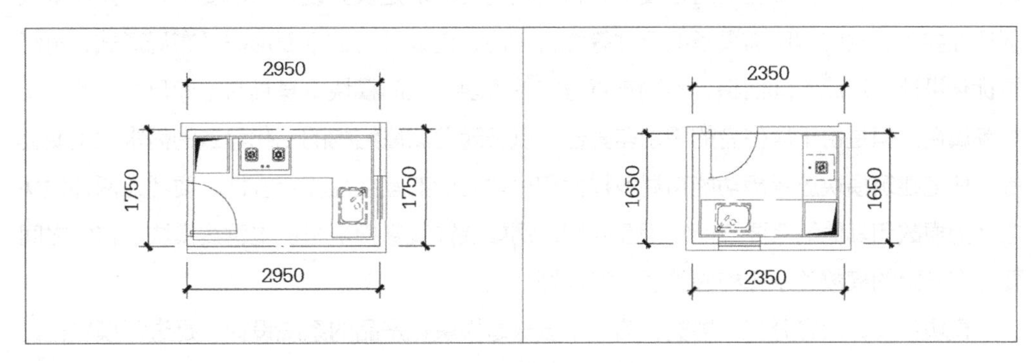

图22-8 厨房的空间模数网格

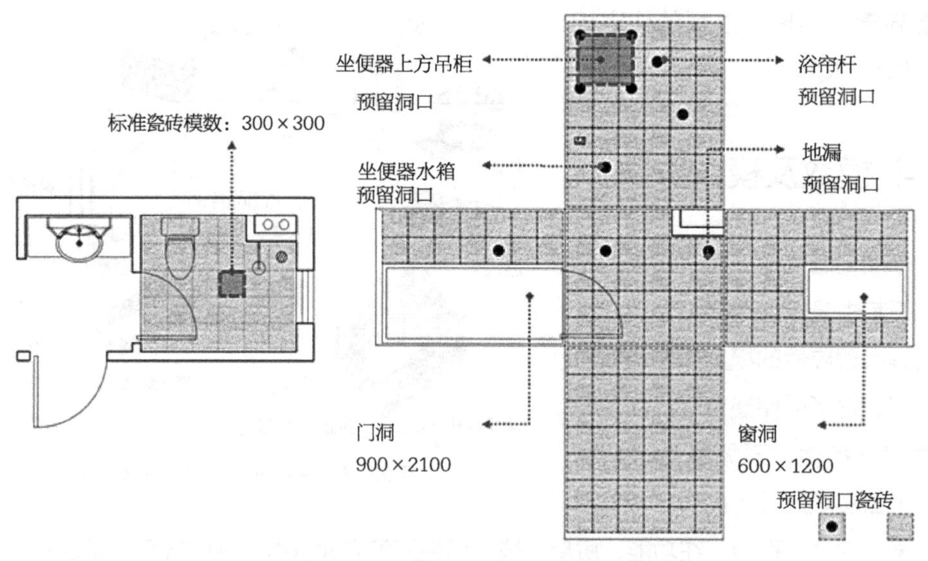

图22-9 卫生间空间模数协调设计

标准化设计是从工业化建设的源头出发，结合绿色设计的理念，可以很好地解决建筑的工业化生产、重复性建造和标准化问题的方法体系。利用这种方法体系可以有效避免以往建筑设计过程中设计与使用脱节，还可以避免设计、施工、维护更新和部件材料回收整个过程相互脱节，缺乏信息反馈和交流的缺点。将标准化模块作为联系用户、设计师和生产厂家的载体，可更好地推动装配式建筑的设计和管理。

5 住宅模块化设计体系

以深圳市保障性住房标准化系列化课题研究为例，住宅的模块化设计旨在按照住宅不同功能的空间模块进行标准化、多样化的组合，对各个功能模块在进深和面宽尺寸上用模数协调把控，进行多样化的组合设计。各功能空间模块是根据设计规范要求、人体尺度及舒适性要求、空间内所需设备的尺寸等综合考虑，选取常用的平面形态及布局形式，再经过优化设计，形成不同面积、不同布置方式的模块。空间模块本身具有空间尺寸、使用功能等属性。但是由于居住者的需求差异性，以及随着家庭结构的变化导致的需求发生变化等，住宅建筑模块应考虑功能布局多样性和模块之间的互换性和相容性。要考虑两种模块之间的模数和其他结合要素能够相互匹配，例如装饰装修模块与机电管线模块，它们之间要存在一定的模数关系和构造关系才能很好地结合。

模块化设计内容分三个层次：第一个层次是模块化产品的系统设计，是进行模块化设计前的准备工作。在整体系统分析基础上对住宅建筑进行整体规划，确定模块化设计的目的和内容。住宅模块化研究目的是为了将住宅进行系列化标准化设计，对每一级模块进行精细化设计思考，对模块组合进行标准化设计以适应工业化系列化建设需求。

第二个层次是模块化设计层次，包括具体模块的划分。将住宅的空间划分为五级模块，从精细的空间到整个楼栋单元进行模块分级，涵盖了从单一使用单元模块、室内每个功能模块、标准组合楼栋的标准层、架空层模块以及结构、机电、装修模块。

第三个层次是空间模块化产品设计，主要内容是针对具体产品如何在功能模块空间中进行组合和方案评价。通过对适合人群的功能使用需求及面积要求，形成了多系列户型模块，组合形成多样化的户型单元，户型单元拼接组合设计形成多样组合样式，通过对方案多角度的分析评价，最终筛选出适合该地区的多个标准化住房平面（图22-10）。

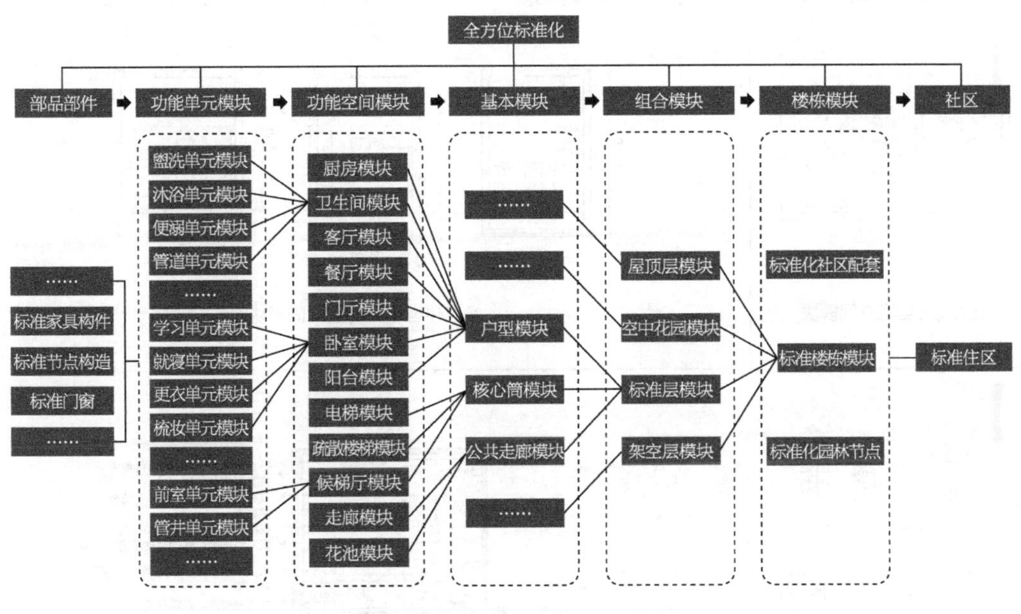

图22-10　具有层级的模块化设计体系

5.1　单元空间模块

根据深圳市保障性住房建设标准及对用户的使用需求调研，对户型单元进行了模块拆分，分别由卧室、书房、客厅、餐厅、厨房、卫生间、阳台等小模块构成，这些空间模块在功能上具有相对独立性，对每一个相对独立功能空间进行精细化设计，更有利于充分利用户型空间，尽量做到科学合理布局，面积紧凑，功能齐全。每个功能空间模块又可细分为由家具和其使用空间构成功能单元。

以卫生间模块为例，可依据内部家具使用细分为三个较低级别的功能单元模块，即洗漱单元、如厕单元和淋浴单元，这也是目前市场上最常见的通用产品。客厅、卧室等功能模块则是充分考虑使用者的需求，通过人性化设计，实现多样的、最优的功能空间模块（图22-11）。

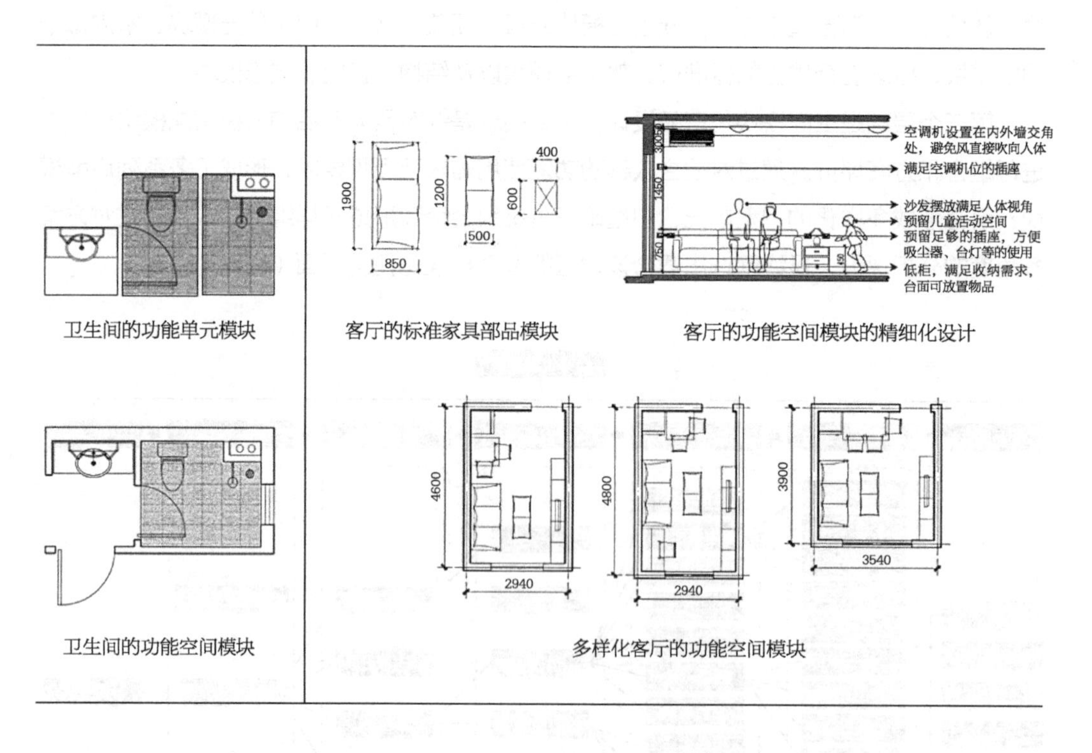

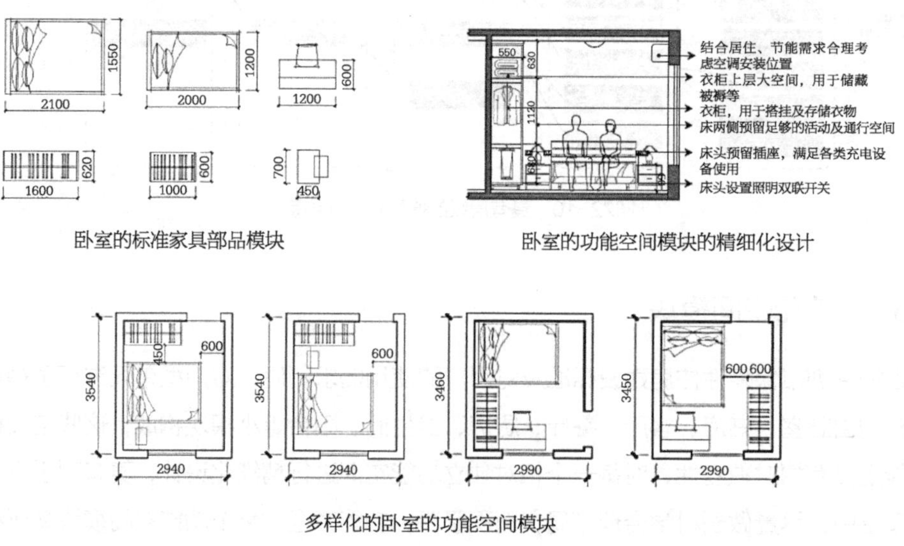

图22-11 单元空间模块

5.2 户型模块

户型模块是由功能空间单元模块组合形成的（图22-12），应考虑模块内功能布局的多样性以及模块之间的互换性和通用性。根据试行深圳市保障性住房建设标准及对用户的使用需求调研，保障性住房面积分为四类：A类是35m^{2}的一居室户型；B类是50m^{2}的小两居室户型；C类是65m^{2}的两居室户型；D类是80m^{2}的三居室户型。A、B类小户型主要是面向人才的公共租赁住房，多提供给单身或夫妇居住。C、D类户型是经济适用住房，可满足一家三口及三世同堂的家庭使用需求。以上述面积段为依据，通过对功能空间的不同组合关系，形成三个系列共12个户型模块（图22-13）。考虑到居住者的需求差异以及家庭结构的变化，

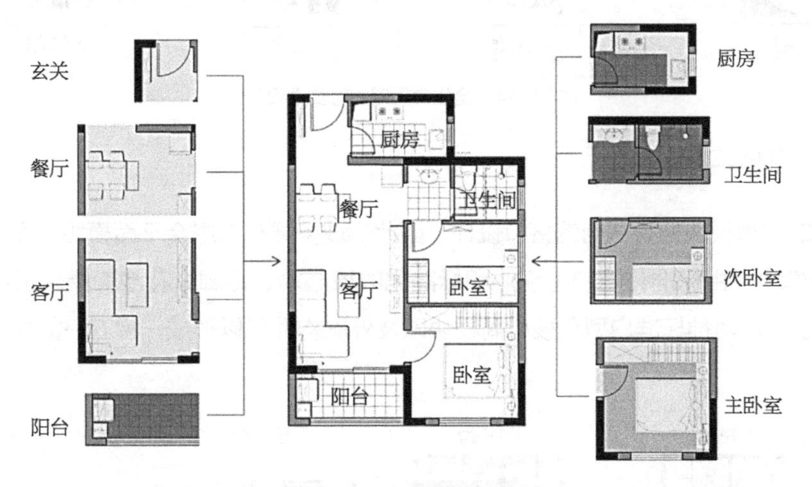

图22-12　户型模块构成示意

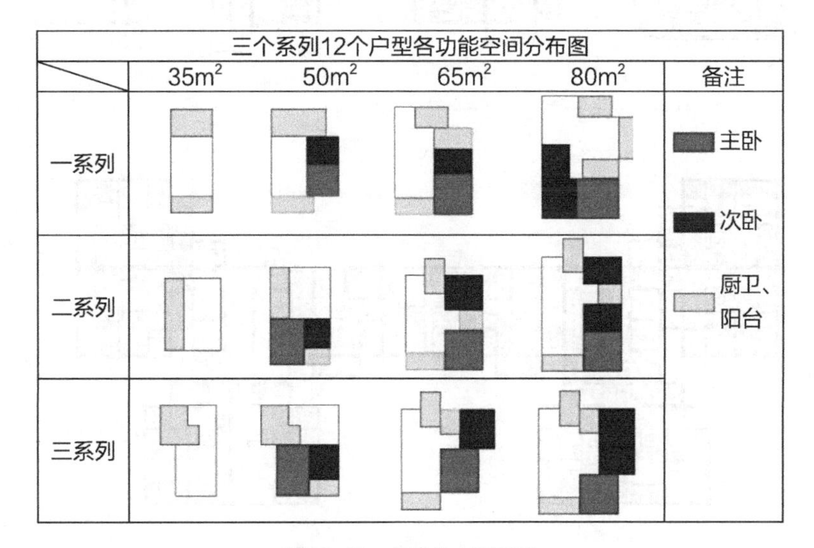

图22-13　标准化户型系列

在住宅的使用过程中，应根据使用者生活模式的变化，对户型进行可变性设计，以满足从新婚夫妇到核心三口之家，从三代居住到老年夫妇居住的生活模式多样化需求（图22-14）。

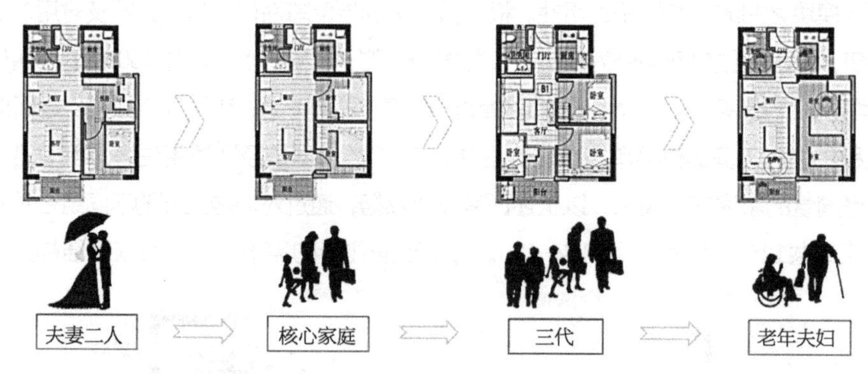

图22-14　全生命周期的可变性设计

5.3　组合平面模块

标准的户型模块拥有通用的接口设计，因此形成多样化的组合平面模块。保障性住房组合平面模块是由标准化的户型模块和标准化的核心筒、走廊、花池等模块组成。如图22-15所示，由两种标准户型和核心筒模块以及外廊构件可以形成一梯五户的标准平面组

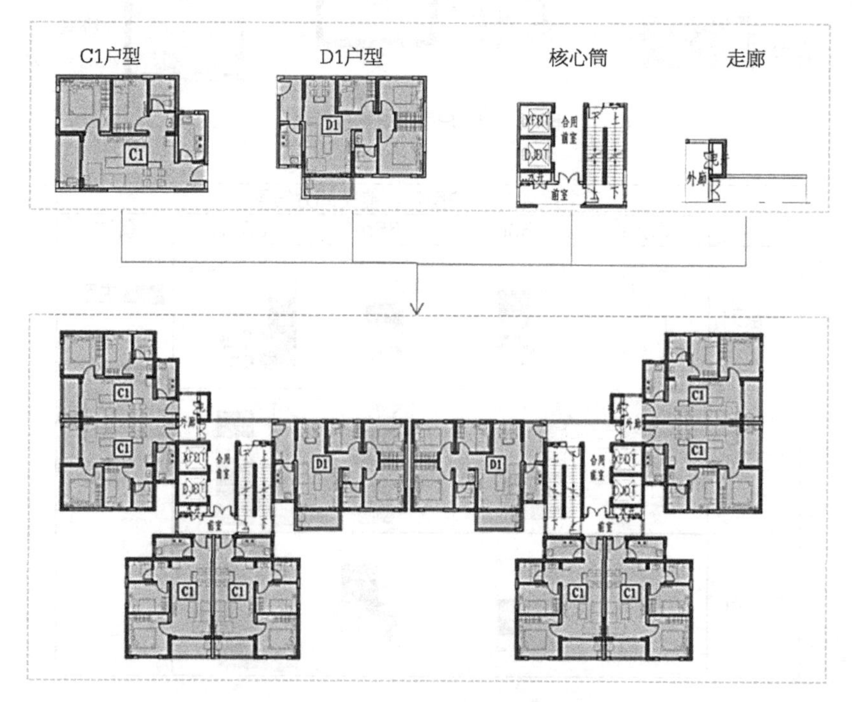

图22-15　标准平面组合模块构成示意

合模块。由于深圳市土地资源紧张，混合式高密度的开发可以充分提高土地的利用效率和住区的活动力，通过对建筑物的体量、高度和外形的把控，可以满足高容积率的要求，并且满足地块的适用性。标准户型模块通过多样化的组合方式可形成多达50种组合平面模块，依据通风采光以及各项指标最优的原则，最终筛选出10种较为符合产业化推广的组合形式作为深圳市保障性住房的标准平面（表22-1）。深圳市地处亚热带，对保温要求不高，可以采用开放的外廊式平面组合；对于内廊式平面组合，应考虑通风采光的问题，可以通过增加凹槽的方式解决部分户型中厨卫通风采光的问题。

由标准户型模块组合形成的十种组合平面模块　　表22-1

板式			点式		
内廊式		外廊式	风车形	蝶形	十字形
“一”字形	“T”字形	“U”字形			
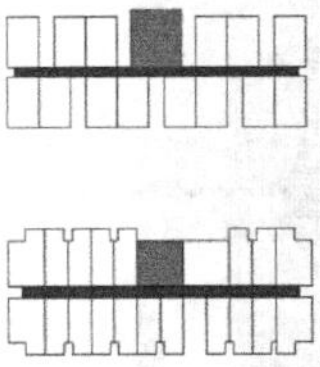	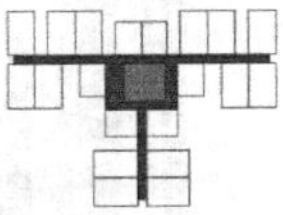	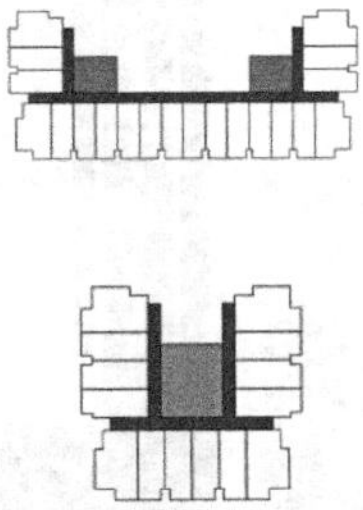	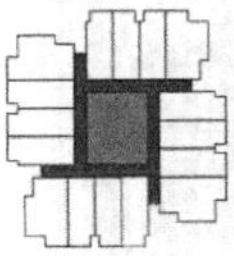	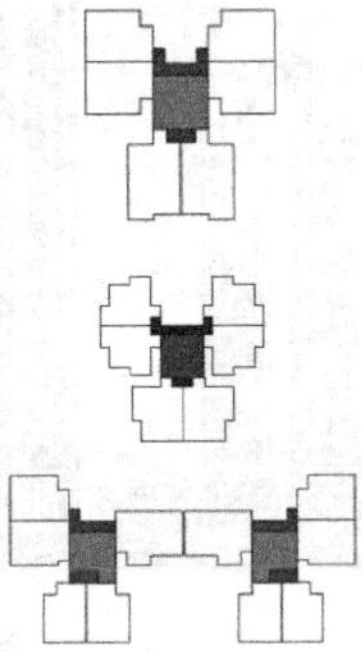	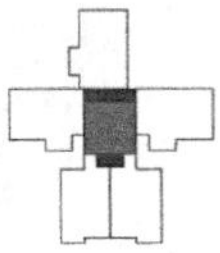

5.4　组合立面模块

利用模块化设计的户型组合平面，具有标准化、系列化的特点，但是标准化并不意味着呆板与单一。以组合平面模块为基础，对立面进行多样化的设计，通过色彩变化、部品构件的重组、主题变化形成多种立面风格，打破建筑物呆板的边界轮廓和体量，使其与周围的地形、绿化和水体景观有很好的融合（图22-16）。

除了建筑层面的模块化设计，保障性住房设计在结构、机电、装修等方面也需进行标准化的考虑。以户型为模块配置结构平面布置图，结构设计考虑未来户内的可改造性，优化结构墙、柱和梁的布置。形成与建筑模块配套的结构模块化方案，对实现方案阶段专业之间的快速沟通大有裨益。

结合未来户型的可变性，尽量采用大开间的结构布局，对厨房、卫生间等相对固定空

图22-16 多样化组合立面风格模块

间的墙体以及部分分户墙设置剪力墙，户内采用轻质隔墙或灵活的隔断进行空间的划分，增加户型内部空间的适应性。对客厅、餐厅等位置尽可能减少次梁布置，增加空间变化的灵活性。结构布置中，可以通过均匀分布竖向承重构件及水平抗侧力构件，加强外围刚度和结构抗侧抗扭性能。同时尽量减少短肢墙，减少墙体转折等原因产生的边缘构件，使得结构布置简单安全、经济合理。

对于装修设计，可以采用三维建模的方式来实现，直观地将不同的装修套餐呈现给用户，方便用户对方案提出建议和意见。装修模块化设计可以按不同风格、不同档次实现住宅装修的套餐化、菜单式。各系统的模块化设计可以帮助设计师在方案阶段实现快速决策，即时对调整做出判断，通过对成熟户型的模块化设计，可以把各项工程进行及时的统计，实现在设计过程中对成本的即时控制，提升设计的可实施性（图22-18）。

模块化设计是要把整个住宅建筑、室内空间和零部件产品作为整体，从产品设计的

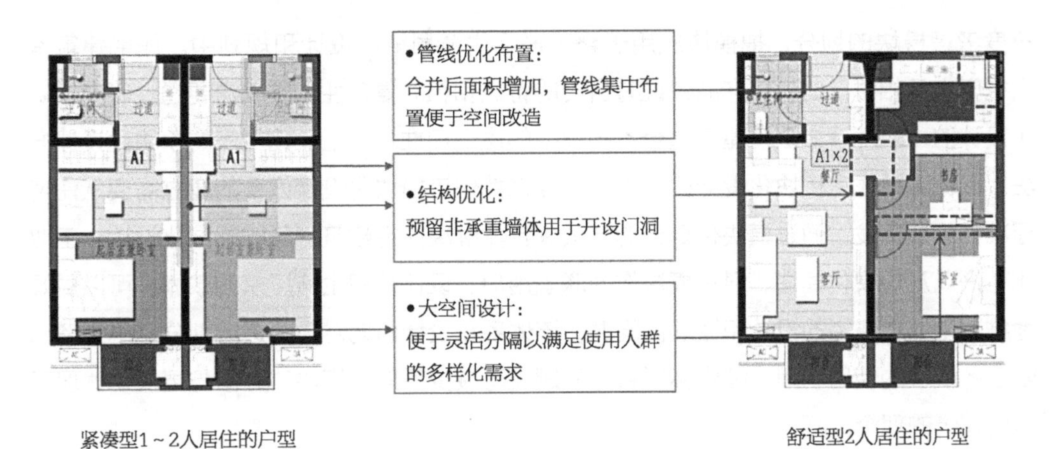

图22-17　可变性结构模块设计

家具明细表 注释记号		长度	宽度	高度	类型	制造商	说明	成本	合计
szsf-四门衣柜01		1600	600	2290	衣柜	强力	实木	2000	1
szsf-书柜01		550	800	860	书架	宜家	仿橡木	299	1
szsf-电视柜01		5000	400	2500	电视柜	宜家	纤维板	4000	1
szsf-单人床01		2110	1070	500	单人床	宜家	刨花板，纤维板，[illegible]刨花板	799	1
szsf-双开门柜01		800	600	2000	衣柜	宜美佳	刨花板、三聚氰胺板	1500	1
szsf-书柜02		1200	280	2300	书柜	宜美佳	刨花板、三聚氰胺板	1500	1
szsf-椅子01		450	450	900	椅子	强力	刨花板、三聚氰胺板	150	5
szsf-沙发01		2300	780	660	转角沙发	宜家	实心松木、[illegible]		1

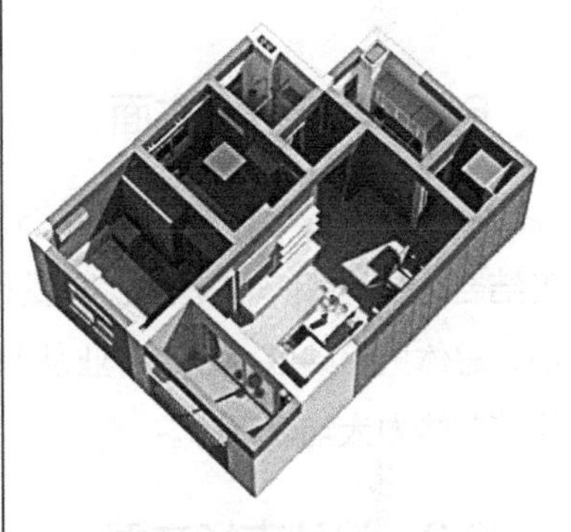

图22-18　BIM室内装修信息模型

角度考虑模块的划分，把模块应用于整个产品生命周期的设计和规划中。住宅建筑室内空间产品相对一些机械产品来说有自己的特点和相对复杂性，所以需要通过研究模块化设计的一般理论方法，建立适合不同类型的住宅标准化、工业化生产的模块化设计方法。以保障性住房模块化设计体系为例，保障性住房模块化设计体系的建立需要从住宅标准化体系出发，通过模块化划分的方法来具体解决住宅建筑产品的标准化设计、工业化生产以及规模化建造。通过模块作为联系用户、设计师和生产厂家的载体，可以更好地推动工业化住宅的设计和管理。同时，该体系在设计前期对模块进行划分，已经考虑到了各模块的使用年限、维修和更新等问题，可减少后期分模块的维修与更换，体现了绿色建筑的理念。

6 存在问题与瓶颈

6.1 设计行业方面

由于近十几年来建筑行业的分工条块化，导致设计与项目策划和组织实施、生产和施工结合、技术和产品运用、质量和品质保证等方面的脱节现象愈来愈严重，设计分包普遍，总体把控缺位，设计行业从业的建筑师和工程师对建筑技术、质量、效率和效益的总体控制能力大幅度下降。

6.2 设计市场方面

由于设计市场的无序化发展和设计企业在责、权、利上的市场错位，直接导致并加剧了低价竞争现象日趋严重，绝大多数设计企业实际处于“低设计费+低标准设计+低层次技术服务”的恶性循环中；为了生存，职业道德底线和技术底线不断被突破，全过程服务、精细化设计等理念缺乏市场基础而难以开展，建筑设计的整体水平和质量持续降低。

6.3 设计管理层面

（1）施工图审查制度已经成为技术正常运用及创新的最大障碍之一。

（2）审查人员对装配式建筑技术了解不足，技术审查往往不考虑工程的实际情况，自行解释规范的执行标准等问题相当普遍；某些地方甚至将审查“违反强条”的数量作为对审查机构年审的重要指标。

（3）现行的超限审查制度对创新技术存在一定的约束性。

6.4 设计标准层面

目前的建筑立法、标准和许多规定、管理程序等已经滞后于对建筑品质和品位发展的要求，急需全面修订。

全国的经济和社会发展已经进入了更加细化和差异化的状态，既有北上广深等已基本完成了城市化发展的一线城市，也有着很多经济欠发展地区；而在建筑领域依然采用全国统一的设计标准和质量保证标准，只能是最低标准，而基于性能或品质的标准体系和评价方式的缺位，是导致“高价低质”的原因之一。

所谓的建造成本过高实际上是个伪命题，用低质量、低效率和效益分配不合理的方式及标准来衡量高品质、高效益建筑产品的成本，从内容到方法都被偷换了概念。

6.5 在装配式混凝土技术应用和设计方面

由于在学历教育和职业教育等方面的内容缺失，导致设计行业从业的建筑师和工程师对预制混凝土技术及其特点的了解程度普遍较低，甚至是空白，大部分项目依然需要二次拆分，不符合装配式建筑整体设计要求。

目前装配式混凝土部品生产和专项咨询企业大多没有设计资质和建筑全过程、全专业的设计经验，很难针对工程项目的具体情况给出完整的、合理的、经济的解决方案。

各地的大型骨干设计企业已经开始重视对各类型装配式建筑的设计研究和设计组织形式的转型，但是面对着不完善的市场机制，依然是举步维艰。在工程项目的获取、保持专业人才队伍的完整性和稳定性等方面均面临难题。

装配式混凝土技术与装修、施工方式等密切配合，而这些方面又是当前设计企业的薄弱环节。

6.6 设计的标准化程度低、模块化设计应用少

标准化设计是装配式建筑的基础，结合了绿色建筑设计的理念，因为缺乏标准化设计，导致部品与建筑之间、部品与部品之间模数不协调，无法发挥出工业化生产的优势。

6.7 其他问题

在各地方针对装配式混凝土结构建筑出台的政策中，大多给出了预制率及装配率的指标，而这些指标绝大多数都与装配式混凝土结构建筑体系不相关联，对提高建筑质量、建造效率和企业效益等缺乏科学的系统的分析；开发企业习惯于利用政策的边缘地带做项

目，设计企业习惯于按照指标做设计，施工企业习惯于在传统方式上寻求解决方法，这些都极大地损害了装配式建筑技术的正常使用和发展。

7 发展对策及保障措施

在传统的建设施工领域，知识的重要性并不突出，但对于装配式建筑而言，所有的环节都需要具备专业知识，传统粗放型的行业管理水平，将会被产业化和工业化思维重塑。前期的设计环节会直接影响到设计优化、构件成本、运输成本、现场建造速度以及建筑的质量，这些都将由前期的思维和工作模式决定。因此我们应该以设计为先导，迎接新技术、新工艺、新材料所产生的挑战，引领装配式建筑快速发展，助推建筑行业全面转型升级。

具体建议如下：

（1）以工业化、产业化、信息化的思维重新建立装配式建筑设计理念。

（2）将设计模式由面向现场施工转变为面向工厂加工和现场施工的新模式，将施工阶段的问题提前至设计、生产阶段解决。

（3）加强建筑专业、结构专业、机电专业、装修的协同设计能力建设，形成完整的协作机制。

（4）加强住宅标准化设计。

7.1 设计层面

分类型建立住宅设计标准体系。住宅建设量庞大，建设任务繁重，非常有必要根据住宅性质分别建立统一的设计标准体系。建立商品住宅标准设计体系、保障性住房标准设计体系等行业标准设计体系，从设计源头推动标准化设计体系的建立。以保障性住房建设为契机，全面推广住宅标准化、模块化体系研究。

7.2 生产层面

建立模块化生产标准。根据标准化设计体系细分模块化部品，迎合市场细分原则，促进装配式建筑推广。以通用的标准贯穿设计与制造全过程，可使各类部位的制造过程更加集约，实现部品部件的责任分包，保证产品的质量。利用BIM技术建立的信息模型数据库，直接与市场准入产品同步更新，能够以三维模式展示住宅的建成效果。

7.3 施工层面

建立标准化施工原则。标准化和模块化的设计方法，契合工业化批量建造模式。

在前期设计中综合考虑这些因素，将施工节点、安装节点等标准化，后期就可以选择具有适应性的工业化建造方法，形成单个户型的“标准化部品施工装修包”，利用BIM信息模型对建筑中各种部品信息进行全过程信息跟踪，实现真正的装配式装修与施工（图22-19）。

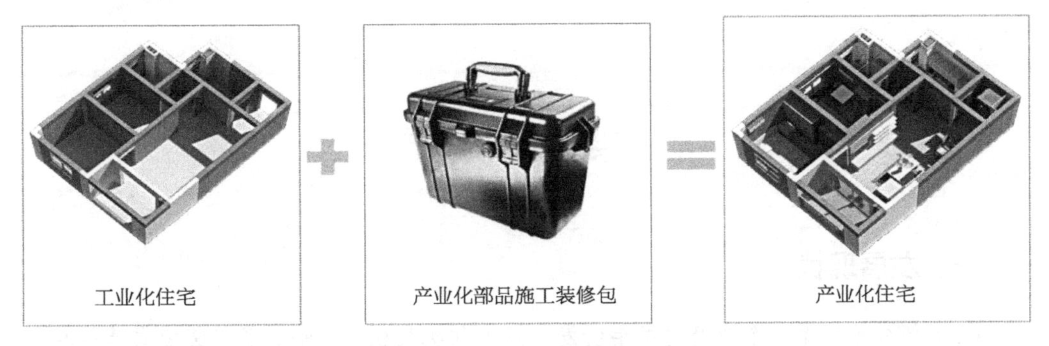

图22-19　标准化部品施工装修包

编写人员：

负责人及统稿：

樊则森：中建科技集团有限公司

武洁青：住房和城乡建设部住宅产业化促进中心

参加人员：

龙玉峰：深圳市华阳国际工程设计有限公司

马　涛：北京市建筑设计研究院有限公司

赵中宇：中国中建设计集团有限公司

杜阳阳：住房和城乡建设部住宅产业化促进中心

Topic 23

专题23 装配式混凝土建筑施工安装

主要观点摘要

一、发展现状

（1）部分施工龙头企业经过多年研发、探索和实践积累，形成了与装配式建筑相匹配的施工工艺工法。

（2）装配式混凝土结构主要采取的连接技术包括灌浆套筒连接和固定浆锚连接方式。

（3）部分施工企业注重装配式建筑施工现场组织管理，生产施工效率、工程质量不断提升。

（4）越来越多的企业开始重视对项目经理和施工人员的培训，一些企业探索成立专业的施工队伍，承接装配式建筑项目。

（5）在装配式建筑发展过程中，一些施工企业注重延伸产业链条，正在由单一施工主体发展成含有设计、生产、施工等板块的集团型企业。

（6）一些企业探索出施工与装修同步实施、穿插施工的生产组织方式，有效缩短工期，降低造价。

二、主要问题

（1）人才短缺问题严重。承担装配式建筑施工的作业人员大部分是未经培训的农民工，专业的、熟练的施工队伍和人员缺失，传统施工与装配式建筑施工搭接不顺畅。

（2）设计不合理导致施工安装的问题。国内装配式建筑体系较多，构件规格不统一，标准化程度不高，形式复杂，增加了施工难度。对于一些预制率较低的项目，现浇与装配两种施工方式并存，多工种交叉作业，施工难度增加，效率低下。

（3）构件与材料存在的质量问题。构件本身强度不达标，出现开裂；灌浆料质量不稳定；连接件性能不达标影响安全；密封胶耐久性不足等。

（4）缺乏与装配式建筑施工工艺相匹配的、系统配套的工具、器械、设备等。

（5）施工监管不到位。缺乏有效的监管机制和检验、检测办法，特别是对关键节点和连接技术的监管不到位。

（6）缺乏针对不同结构体系的、行业通用的工艺工法。

（7）BIM技术在施工中应用较少。

三、建议

（1）加强施工企业能力建设，提升施工队伍的技术和管理水平。鼓励建立社会化、专业化的劳务公司。

（2）创新监管机制，加强对关键连接节点的监管。

（3）建立健全质量、安全、检验检测等方面的标准规范体系，加大执行力度。

（4）大力发展工程总承包模式。

（5）推进BIM技术在装配式建筑施工管理中的应用。

（6）增强企业之间的经验交流与合作，学习国内外先进技术和管理经验。

预制装配式混凝土结构是将工厂生产的预制混凝土构件，运输到现场，经吊装、装配、连接，结合部分现浇而形成的混凝土结构。预制装配式混凝土结构在工地现场的施工安装核心工作主要包括三部分：构件的安装、连接和预埋以及现浇部分的工作。这三部分工作体现的质量和流程管控要点是预制装配式混凝土结构施工质量保证的关键。

预制混凝土构件是以构件加工单位工厂化生产而形成的成品混凝土构件。当前，将更多现场作业转移至工厂预制已逐步成为业内共识。墙体、楼板、楼梯等都是在工厂生产的预制件，传统的建筑工地变成住宅工厂的“总装车间”。预制构件的类型可以分为：点式构件；线式构件；面式构件。其种类的不同也决定了其吊装方式方法和机具的不同。预制装配式混凝土结构可应用于住宅、公共建筑、工业建筑等。

1 发展历程

预制装配式混凝土结构施工安装是装配式建筑建设过程的重要组成部分，伴随着建设材料预制方式、施工机械和辅助工具的发展而不断进步。从施工安装的大概念来讲，人类主要经历了三个阶段：人工加简易工具阶段；人工、系统化工具加辅助机械阶段；人工、系统化工具加自动化设备阶段。

第一个阶段在中西方建筑史上都有非常典型的例子：比如中国古代的木结构建筑的安装，石头与木结构的混合安装，孔庙前巨型碑林的安装；西方的教堂、石头建筑的安装等都是典型的案例。这一时期的主要特征是建筑主要靠人力组织、人工加工后的材料，用现有资源加工出工具，借助自然界的地形地势辅以大量的劳力施工安装而成，那时尚没有大型施工机械。

第二个阶段是伴随着工业革命、机械化进程而发展，这个阶段人类开始使用系统化金属工具，借助大小型机械作业，使得建筑施工安装的效率得到飞速的提升，这个阶段一直延续到今天。我们今天所说的预制装配式混凝土结构的施工安装其实就处于这个阶段。这个阶段按照人工和机械的使用占比可细分为初级、中级和高级阶段。

第三个阶段是自动化技术的引入，即人类应用智能机械、信息化技术于建筑安装工程中。这在目前也属于前沿地带，只是应用于一些特殊工程中，属于未来发展方向。

预制装配式混凝土结构施工安装的发展是人类在已有的建筑施工经验基础上，随着混凝土预制技术的发展而不断进步的。20世纪初，西方工业国家在钢结构领域积累了大量的施工安装经验，随着预制混凝土构件的发明和出现，一些装配式的施工安装方法也被延伸到混凝土领域，比如早期的预制楼梯、楼板和梁的安装。到了二战结束，欧洲国家对于战后重建的快速需求，也促进了预制装配式混凝土结构的蓬勃发展，尤其是板式住宅建筑得到了大量的推广，与其相关联的施工安装技术也得到发展。这个时期的特征也是各类预制构件采用钢筋环等作为起吊辅助。

真正意义上的工具式发展以及相关起吊连接件的标准化和专业化起源于20世纪80年代，各类预制装配式混凝土结构的元素也开始愈加多样化，其连接形式也进入标准化的时代。这个时期，各类构件的起吊安装都有非常成熟的工法规定，比如预制框架结构的梁柱板的吊装和节点连接处理。这个时期开始，相关企业也专门编制起吊件和埋件的相关产品的标准和使用说明。到了今天，西方的预制装配式混凝土结构的施工安装与20世纪80年代相比，在产品和工法上没有太多的变化，新的特征是功能的集成化、更加节能以及信息化技术的引入。

而我国这个领域的发展主要是三个历史时期：

（1）20世纪80年代之前：新中国成立后受欧洲和苏联的影响，大量的工业厂房和板式住宅采用了预制装配式技术。这个时期的施工安装是没问题，但相关配套不成熟；

（2）20世纪90年代初到2005年，我国住宅建筑、公共建筑等基本摈弃了预制的方式，全国的项目基本都在现浇，只有工业建筑里仍在使用局部构件。

（3）2005年后，预制装配式混凝土结构重新回到舞台，各企业开始重新梳理相关的技术，标准和工法。国外的相关经验也被吸收到国内的项目中来。

2 发展现状

装配式混凝土结构按结构类型划分，主要包括框架结构、框架剪力墙以及剪力墙结构。不同种类装配式混凝土结构的典型项目包括：

框架结构：福建建超集团建超服务中心1号楼工程；中国第一汽车集团装配式停车楼；南京万科上坊保障房6-05栋楼等。

框架剪力墙结构：上海城建浦江PC保障房项目；龙信集团龙馨家园老年公寓等。

剪力墙结构：全国有大批高层住宅项目，位于北京、上海、深圳、合肥、沈阳、哈尔滨、济南、长沙、南通等城市，其中主要有剪力墙套筒连接项目、宝业叠合剪力墙项目、宇辉约束浆锚剪力墙项目、中南NPC剪力墙结构项目等。

这些项目都是近五年内快速发展起来的，主要集中在住宅领域，公共建筑和工业建筑领域项目比较少。

近年来，装配式混凝土结构施工发展取得较好成效：部分龙头企业经过多年研发、探索和实践积累，形成了与装配式建筑相匹配的施工工艺工法。在装配式混凝土结构项目中，主要采取的连接技术包括有灌浆套筒连接和固定浆锚搭接连接方式。部分施工企业注重装配式建筑施工现场组织管理，生产施工效率、工程质量不断提升。越来越多的企业日益重视对项目经理和施工人员的培训，一些企业探索成立专业的施工队伍，承接装配式建筑项目。在装配式建筑发展过程中，一些施工企业注重延伸产业链条发展壮大，正在由单一施工主体发展成为含有设计、生产、施工等板块的集团型企业。一些企业探索出施工与装修同步实施、穿插施工的生产组织方式实施模式，可有效缩短工期、降低造价。

预制装配式混凝土结构的施工发展虽然取得了一定进展，但是整体还处于百花齐放、各自为营的状态，需要进一步的研发，并通过大量项目实践和积累来形成系统化的施工安装组织模式和操作工法。

3 存在问题与瓶颈

3.1 人才短缺问题严重

施工单位作业人员大部分是农民工，没有经过系统的培训，对新知识、新事物不易接受，也缺乏娴熟的技能。由于劳动力缺乏，造成一些操作者的以次充好，未经过系统学习，边干边学，埋下安全隐患。领导者的组织决策能力、职业道德都会直接或间接地对工程质量产生影响。如果出现决策失误，专业能力不足，破坏施工都会给工程质量带来不好的影响。

大部分地区装配式建筑的体量还很少，缺少专业熟练的施工队伍和人员。在对精细化有一定要求的装配式建筑项目中，传统施工与预制装配施工施工配合存在问题，其作业精细程度不能满足装配式建筑的要求，经常导致安装作业及整体施工效率低下，工期相对较慢。

3.2 设计不合理导致施工安装存在问题

由于各地方政策不一，有些地方为了追求高预制率，盲目地把一些不宜做预制的部位也做成了预制构件，使得每层的构件数量过多，安装时间较长，安装难度大，空间小支撑体系难以固定，比如外凸的楼梯间、设备管井等部位。而对于一些预制率较低的项目，施工现场的传统工种作业量大，多种工种交叉作业，垂直运输机械往往不能满足要求，施工难度增加，效率低下。

同时，预制装配式混凝土结构设计中重要环节是连接设计，而很多设计院对于施工现场的要求和特性不很了解，盲目设计，导致很多连接在现场无法实现或者很难实现，现场安装效率和连接工艺效率低下，影响整体进度。另外目前国内装配式建筑体系较多，构件设计不统一，标准化程度低，形式复杂多样 ，也的确增加了施工难度。

3.3 构件与材料质量存在问题

原材料、成品、半成品、构配件、灌浆料、密封胶、连接件等材料质量不符合要求，工程质量就不可能符合标准，加强材料质量控制是保证装配式建筑施工质量的重要基础。

建筑工程中材料费用一般占总投资的70%左右，一些承包商在拿到工程后，为谋取更多利益，不按工程技术规范要求的品种、规格、技术参数采购符合质量的建材产品；或因采购人员素质低下，对其原材料的质量不进行有效控制，放任自流，从中收取回扣和好处费。另外，有的企业缺乏完善的管理机制，无法杜绝不合格的假冒、伪劣产品及原材料进入施工过程中，给工程留下质量隐患。这些问题已在部分装配式建筑项目中出现，比如构件本身强度不达标，出现开裂现象；灌浆料在检测机制匮乏的情况下鱼目混珠；保温连接件材料性能不达标影响安全性；密封胶的耐久性出问题等。

3.4 施工方案的随意性埋下质量和安全隐患

预制装配式混凝土结构的特点使其施工工艺有别于传统现浇方式，其局部模板工程、支撑体系等都需要进行有效的计算和论证；而相关的参考表格和数据的缺失使得有些施工单位在处理这些方案时过多依靠经验，存在随意性，比如如何确定拉螺杆的间距，如何确定叠合楼板支撑体系中立杆和梁的间距，如何做好雨天下的三明治墙板的保温层渗水保护等等。这些方案的随意性或计算缺失的后果就是影响质量安全。以叠合楼板开裂为例，有些是因为产品质量控制问题，另外就是因为现场作业中缺乏工况考虑，支撑设计不合理造成。

3.5 缺乏系统完善工具体系，也是装配式建筑精细化施工的瓶颈

相比于国外装配式建筑施工较为成熟的地区，我们在预制装配式建筑的施工过程中，缺乏能有效控制、调节施工精度、防水性能良好、有利于成品保护的系统完善的工具体系。如果还是依靠传统方法进行施工安装，其难度会大大增加，精度无法保证，优势无法体现。

3.6 缺乏作业标准书、缺乏有效的施工管控流程是企业共性缺点

工艺指导书、标准工序指引、生产图纸、生产计划表、产品作业标准、检验标准、各种操作规程等是指导施工安装过程的重要依据。施工过程中的方法包含整个建设周期内所采取的技术方案、工艺流程、组织措施、检测手段、施工组织设计等。施工方案的正确与否直接影响工程质量控制能否顺利实现。多数情况是，由于施工方案考虑不周全而拖延进度，影响质量，增加投资。

3.7 BIM技术未能对施工安装形成有效支撑

以构件为载体，推进BIM技术在预制装配式混凝土结构中的应用，目前多数还停留于理论层面。

已施工完的项目中，真正能够做到BIM应用的还非常少。这里有前后端数据传递的壁垒，也受到人员素质、管理水平、管理模式的影响。即使在一些很重视BIM落地的城市，也很少能见到实实在在应用BIM技术的工程项目。

3.8 缺乏有效的监督机制和检验检测办法

主要体现在两个方面，一是如何从施工控制、监督和检测方面来保证套筒灌浆连接技术的可靠性和稳定性；叠合楼板因为多环节运输可能会导致开裂现象，如何对其进行评估是关键问题。

4 发展建议

（1）加强施工企业的能力建设，提升施工队伍的技术和管理水平。鼓励建立社会化、专业化的劳务公司。

（2）创新监管机制，加强对关键技术节点的监管，保障施工质量。

（3）建立健全质量、安全、检验检测等方面的标准规范体系，加大执行力度。

（4）大力发展工程总承包模式。

（5）推进BIM技术在装配式建筑施工管理中的应用。

（6）增强企业之间的经验交流与合作，学习国内外先进技术和管理经验。

编写人员：

负责人及统稿：

樊　骅：宝业集团股份有限公司

武洁青：住房和城乡建设部住宅产业化促进中心

参加人员：

杜阳阳：住房和城乡建设部住宅产业化促进中心

Topic 24

专题24
预制构件生产

主要观点摘要

一、发展现状

我国混凝土预制构件应用领域广泛，形式和种类丰富，新型、高品质、性能各异的混凝土预制构件产品发展迅速。

（1）截至2015年年底，国内已建成构件生产厂超过200家。近3年建成了100多条自动化生产线，形成了以环形生产线为主、传统固定台座生产线为辅的生产模式。

（2）市政和基础设施中各类型构件大多属于标准产品，应用成熟，但房屋建筑所用构件标准化程度偏低。

（3）混凝土预制构件年设计产能在2000万m^3以上（如按预制率50%算，约供应8000万m^2建筑面积），每年实际产量约为设计产能的一半，即达1000万m^3左右。

（4）由于当前装配式建筑发展规模较小，市场需求不足，生产厂家面临巨大的产能过剩压力，在个别地区甚至出现恶性竞争带来质量安全隐患。

二、主要问题

（1）政府引导方面：国家已取消对预制构件企业的资质审查认定工作，降低了构件生产的入行门槛，导致各地预制构件生产项目盲目上马，出现构件产品质量良莠不齐和区域布局不合理等情况。

（2）技术方面：构件生产应与设计、施工统筹考虑，但目前的环节割裂、拆分设计导致缺乏系统性、全局性，造成效率不高，难以发挥装配式建筑的优势。

（3）标准化方面：由于在设计方面的标准化程度较低，导致构件规格过多，成本增加，生产效率降低。

（4）人力资源方面：目前与现代化预制构件生产企业要求相匹配的管理和技术人员严重短缺。

（5）设备与工艺方面：国内能满足市场需求的供应生产线设备的企业严重缺乏，现阶段已建成的构件生产线能力水平还未得到实践验证。

（6）成本方面：目前有些地区构件出厂价格较高，主要原因包括构件厂生产任务不饱满、建厂摊销成本高、构件购置叠加的税负重、标准化程度低导致的模具规格过多、研发投入不足、管理效率较低等。

（7）生产质量方面：部分新建构件生产企业，缺乏专业技术管理人员和管理机制，导致生产的构件质量参差不齐，构件报废率较高。

（8）安装方面：存在部分现场构件堆放损坏、安装过程磕碰损伤、安装工艺质量把控不严、套筒灌浆操作质量难以监督、质量验收环节滞后等问题。

（9）管理方面：构件生产企业信息化程度较低。

三、建议

（1）加大政策扶持力度，各项优惠政策向预制构件生产企业倾斜。

（2）加大科研投入，提高预制构件标准化、模数化程度，以及质量、品质、精度和生产工艺水平。

（3）加大对预制构件生产企业的监管，明确监管主体，确保构件质量安全。

（4）加大信息化建设投入和人才培养力度。

混凝土预制构件行业发展与装配式建筑发展密切相关。在西方发达国家和邻国日本，伴随着装配式建筑的稳步推进，混凝土预制构件得到同步发展。在我国，混凝土预制构件行业的发展大致经历了三个时期，计划经济时期（1949～1985年）、计划经济向市场经济过渡时期（1986～1999年）和市场经济时期（2000年以后）。前两个时期的突出特点是装配式大板建筑构件由盛到衰的转变，直至被彻底淘汰后长期被现浇混凝土结构体系取代。2000年前后，在国家建筑工业化政策推动下新型混凝土预制构件再次复苏并进入快速发展的轨道。

1 生产情况

建筑构件的生产是装配式建筑实施过程中考验技术创新和设备开发能力最重要的舞台。目前，装配式混凝土结构设计、施工、构件制作和检验的国家、行业技术标准已经实施了，基本满足装配式建筑的实施要求，同时各地也在因地制宜地编制符合本地方的地方标准。构件生产厂家通过和业主、设计、施工、生产等工程实施主体的合作，促进预制混凝土工程的实施，取得了很好的成绩。

目前，我国混凝土预制构件应用领域广泛、结构形式和种类多样。随着国家建筑产业政策的不断推进，装配式建造技术日益完善，机械装备水平不断提高，混凝土技术的不断发展，未来还将会开发出许多新型、高品质、性能各异的混凝土预制构件产品服务于我国装配式建筑的发展。以下从混凝土预制构件企业规模、构件分类、生产产能等方面，介绍目前我国混凝土预制构件生产情况。

1.1 混凝土预制构件特点与工艺

预制构件厂（场）施工条件稳定，施工程序规范，比现浇构件更易于保证质量；利用流水线能够实现成批工业化生产，节约材料，提高生产效率，降低施工成本；可以提前为工程施工做准备，通过现场吊装，可以缩短施工工期，减少材料消耗，节省工人用量，降低建筑垃圾和扬尘污染。

预制构件厂的生产流程，总体来说是对传统现浇施工工艺的标准化、模块化的工业化改造，通过构件拆分形成模块化构件，通过蒸汽养护加快混凝土的凝结，通过流水线施工提高生产效率和各环节的标准化控制，最终实现质量稳定性较高的工业化产品——预制构件。

1.2 混凝土预制构件企业情况

目前，经过国家和地方政府的引导，国内已建成构件生产厂超过200家，近3年建成了100多条自动化生产线，形成了以流水线生产为主，传统固定台座法为辅的生产模式。目前大部分构件厂的预制内外墙、预制叠合楼板已经实现了流水线生产，预制梁柱、预制楼梯、预制阳台等仍以台座法生产为主。

其中，流水生产线是在车间内，根据生产工艺的要求将整个车间划分为几个工段，每个工段皆配备相应的工人和机具设备，构件的成型、养护、脱模等生产过程分别在有关的工段循序完成；固定台座法，台座是表面光滑平整的混凝土地坪、胎模或混凝土槽，也可以是钢结构。构件的成型、养护、脱模等生产过程都在台座上进行，这两种生产方式相互补充。

1.3 混凝土预制构件分类情况

根据混凝土预制构件应用领域和部位，可分为建筑构件、公路构件、铁路构件、市政构件和地基构件。除了建筑构件中的新型住宅产业化构件外，各类型构件虽然结构形式、外形尺寸和结构性能变化丰富，但大多属于标准产品，其应用成熟，在我国进行的大规模基础设施和城镇建设中起到了重要作用。表24-1是我国混凝土预制构件产品分类表，从中可以看出我国混凝土预制构件产品的全貌、大致功能和使用情况。

目前我国混凝土预制构件产品应用分类表　　表24-1

<table>
<tr><th>序号</th><th>学名</th><th>主要结构受力形式</th><th>使用功能</th><th>应用建筑物</th><th>应用建设领域</th></tr>
<tr><td rowspan="3">1</td><td rowspan="3">外墙板</td><td rowspan="3">竖向受力</td><td>承重</td><td rowspan="13">住宅建筑</td><td rowspan="13">建筑构件</td></tr>
<tr><td>保温</td></tr>
<tr><td>装饰</td></tr>
<tr><td>2</td><td>内墙板</td><td>竖向受力</td><td>承重</td></tr>
<tr><td rowspan="3">3</td><td rowspan="3">隔墙板</td><td rowspan="3">非受力</td><td>轻质</td></tr>
<tr><td>隔断</td></tr>
<tr><td>围护</td></tr>
<tr><td rowspan="2">4</td><td rowspan="2">预应力圆孔板</td><td rowspan="4">弯曲受力</td><td>承重</td></tr>
<tr><td>围护</td></tr>
<tr><td>5</td><td>叠合板</td><td>承重</td></tr>
<tr><td>6</td><td>楼梯板</td><td>承重</td></tr>
<tr><td>7</td><td>阳台板</td><td>悬挑受力</td><td>承重</td></tr>
<tr><td>8</td><td>空调板</td><td>悬挑受力</td><td>承重</td></tr>
</table>

续表

<table>
<tr><th>序号</th><th>学名</th><th>主要结构受力形式</th><th>使用功能</th><th>应用建筑物</th><th>应用建设领域</th></tr>
<tr><td>9</td><td>飘窗</td><td>悬挑受力</td><td>承重</td><td rowspan="2">住宅建筑</td><td rowspan="19">建筑构件</td></tr>
<tr><td>10</td><td>女儿墙</td><td>非受力</td><td>围护</td></tr>
<tr><td rowspan="3">11</td><td rowspan="3">预制梁</td><td rowspan="3">弯曲受力</td><td rowspan="3">承重</td><td>住宅建筑</td></tr>
<tr><td>公共房屋建筑</td></tr>
<tr><td>工业房屋建筑</td></tr>
<tr><td rowspan="3">12</td><td rowspan="3">预制柱</td><td rowspan="3">竖向受力</td><td rowspan="3">承重</td><td>住宅建筑</td></tr>
<tr><td>公共房屋建筑</td></tr>
<tr><td>工业房屋建筑</td></tr>
<tr><td rowspan="2">13</td><td rowspan="2">外挂板</td><td rowspan="2">非受力</td><td>围护</td><td rowspan="2">公共房屋建筑</td></tr>
<tr><td>装饰</td></tr>
<tr><td>14</td><td>屋面板</td><td>非受力</td><td>围护</td><td rowspan="3">工业房屋建筑</td></tr>
<tr><td>15</td><td>屋架</td><td>弯曲受力</td><td>承重</td></tr>
<tr><td>16</td><td>吊车梁</td><td>弯曲受力</td><td>吊车轨道</td></tr>
<tr><td rowspan="2">17</td><td rowspan="2">T型板</td><td rowspan="2">弯曲受力</td><td rowspan="2">承重</td><td>公共房屋建筑</td></tr>
<tr><td>工业房屋建筑</td></tr>
<tr><td rowspan="2">18</td><td rowspan="2">SP空心墙板</td><td rowspan="2">非受力</td><td>围护</td><td>公共房屋建筑</td></tr>
<tr><td>装饰</td><td>工业房屋建筑</td></tr>
<tr><td>19</td><td>看台板</td><td>弯曲受力</td><td></td><td rowspan="2">体育场馆</td></tr>
<tr><td>20</td><td>看台梁</td><td>弯曲受力</td><td></td></tr>
<tr><td>21</td><td>预应力T型梁</td><td>弯曲受力</td><td>桥面结构</td><td rowspan="6">公路桥梁工程</td><td rowspan="6">公路构件</td></tr>
<tr><td>22</td><td>预应力I型梁</td><td>弯曲受力</td><td>桥面结构</td></tr>
<tr><td>23</td><td>预应力箱型梁</td><td>弯曲受力</td><td>桥面结构</td></tr>
<tr><td>24</td><td>预应力空心板</td><td>弯曲受力</td><td>桥面结构</td></tr>
<tr><td>25</td><td>隔离墩</td><td>非受力</td><td>中央隔离</td></tr>
<tr><td>26</td><td>地袱</td><td>非受力</td><td>围护</td></tr>
</table>

续表

序号	学名	主要结构受力形式	使用功能	应用建筑物	应用建设领域
27	轨道板	弯曲受力	轨道桥面	铁路桥梁工程	铁路构件
28	轨道梁	弯曲受力	轨道桥面		
29	无砟轨道梁	弯曲受力	轨道桥面		
30	预应力轨枕	弯曲受力	轨道铺装	铁路工程	
31	短轨枕	弯曲受力	轨道铺装		
32	盾构管片	环向受力	隧道衬砌	地下隧道	地铁构件 水利构件 电力构件
33	预制电杆	竖向受力	电缆架设	电力工程	电力构件
34	预制塔筒	竖向受力	风电基座	风电工程	
35	预制栏杆	弯曲受力		景观工程	市政构件
36	预制走廊	竖向受力			
37	预制座椅	弯曲受力			
38	预制亭	竖向受力			
39	预制地砖	竖向受力	地面铺装		
40	路缘石	竖向受力	路面铺装		
41	预制盖板	弯曲受力	沟盖板	地下管道工程	
42	预制管廊	环向受力	地下管道		
43	预制箱涵	环向受力	地下管道		
44	预制管	环向受力	地下管道		
45	预制排水沟	环向受力	地下管道		
46	预制桩	环向受力	地基处理	地基工程	地基构件
47	预应力管桩	环向受力	地基处理		

1.4 混凝土预制构件产能情况

根据近3年来对全国主要地区预制构件生产厂家的产能和产量等市场情况的调查显

示，国内已建成构件生产厂超过200家，混凝土预制构件年设计产能2000万m^3以上（如按预制率50%算，约供应8000万m^2建筑面积），每年实际产量约为设计产能的一半，即达1000万m^3左右。

1.5 生产技术及设备情况

多年来，传统混凝土预制构件生产在技术和设备上变化不大，如后张预应力桥梁构件也只是增加了真空灌浆技术。新型预制构件随着运用领域的拓展和开发进行了技术上的革新、功能上的进步和品质上的提升，并促进了相关设备的研发以满足新型构件生产、运输和安装要求。如盾构管片的研发提升了模具的精度水平，以及真空吸盘吊具和构件翻转机械的开发；体育场馆清水混凝土看台板和公共建筑使用的清水混凝土外墙挂板的生产及应用得益于普通混凝土高性能化的技术进步，也促进了预制混凝土构件从模具到外观质量修饰全系统各环节工艺质量控制水平的提高，增强了从业人员的质量意识，提高了人们的建筑审美水平。

1.6 混凝土预制构件市场情况

我国装配式建筑发展处于初期阶段，混凝土预制构件市场还不成熟。很多构件厂缺乏对市场的认知与判断，盲目建厂、扩大生产规模，而目前装配式建筑发展规模较小，市场需求不足，有些区域混凝土预制构件生产企业生产任务严重不足，面临产能过剩的压力，个别地区工厂处于待产状态，致使工厂亏损甚至倒闭。同时，产能过剩压力导致市场竞争加剧，在个别地区甚至出现恶性竞争带来质量安全隐患和价格低走的恶性循环。

2 存在的问题与瓶颈

2.1 政府引导方面

目前，我国已取消对预制构件企业的资质审查认定工作，降低了构件生产的入行门槛，各地预制构件生产项目盲目上马，导致构件产品质量良莠不齐和区域布局不合理等情况出现。其次，构件产品的质量监督监控及相关体系有待完善。混凝土的强度等级和构件尺寸准确度等问题影响着构件的质量，具体涉及原材料、模具、生产振捣、养护和运输等环节，需要有详细的规范标准检测监督。

2.2 技术方面

构件生产应与设计、施工统筹考虑，但目前的环节割裂、二次拆分设计导致缺乏系统性、全局性，造成效率不高，难以发挥装配式建筑的优势。预制构件拆分和深化设计，可以有效提高预制构件标准化设计和工厂化生产水平。优秀的拆分设计是对建筑、结构、机电甚至装修等设计的统一整合，既要实现构件的标准化、提高工业化生产效率、降低成本，也要保证现场拼装施工的便利性和合理性。需要设计生产施工全过程的统一监控管理、信息互动和资源整合。

2.3 标准化方面

装配式建筑的基础在于工业化，工业化的前提是标准化。标准化构件才能实现更大的生产规模和更高的效率，实现更高的建筑质量和更低的成本。目前，部品部件模数与建筑模数未实现协调统一，构件生产的标准化程度低，导致构件规格过多，在一定程度上造成构件成本的增加。通过相关配套的生产线设备、原材料、配件、设备和人员配置等方面标准化程度的提高，将有效提高构件的质量和生产效率，并降低生产成本。

2.4 人力资源方面

现阶段由于政府的鼓励和行业的关注，大量的预制构件厂组建形成，造成了构建生产设备和专业人员的严重短缺，缺乏对技术具有良好理解和运用的专业技术人员、管理人员和技术工人。行业内未形成有效的交流和培训，许多专业人员缺乏预制工程实践的训练，对标准的理解和应用没有整体概念，缺乏对实施具体工程的构件分析的灵活性和控制力，造成技术经济性差，甚至出现一些质量问题的案例。

2.5 设备与工艺方面

国内能满足市场需求的生产线设备企业还严重缺乏，现阶段国内建成了大量的构件生产厂，其中大部分工厂的生产能力还未得到实践验证。构件生产线的场地布置、设备质量稳定性和产品的市场适用性，都面临着重大考验。

在自动化生产线和设备研发方面，全国有10多家有实力的建筑构件自动化生产线及其设备供应商，从已经建成并运行的生产线实际运行情况来看，由于产品定型方面的因素，目前大多数是叠合板生产线，内墙板生产线不多，外墙板生产线正在尝试性建设。这些生产线在初期基本都会出现稳定性和对口性差的问题，通过3~5次持续改进也都可以满足运行要求；但由于产能不足，生产效率的优势还没有真正体现出来。

2.6 成本方面

目前装配式建筑的建安成本普遍比传统建筑的建安成本高200~500元，原因包括：

构件厂建厂摊销成本；构件购置叠加的税负；构件厂产能过剩的浪费；新兴行业下游配套不全等问题。

构件厂的产品需要以商品形式销售给施工企业，这需要提交17%的增值税，扣除原料设备等增值税抵扣，最终税率大约为销售额的10%左右，这无形中提高了施工企业的建安成本，并且预制率越高意味着采购构件的比例越大，建安成本也就越高，削弱了装配式建筑的市场竞争力。随着建筑行业“营改增”的实施，将在一定程度上缓解这一问题。

2.7 生产质量方面

装配式建筑最后的整体质量很大程度上由构件本身质量和安装质量决定。传统受力构件在结构质量上已经不成问题，外观质量也随着清水混凝土技术的逐渐为人熟知而有所改善提升。部分新建构件生产企业，其缺乏专业技术人员、混凝土专业技术知识以及构件组织和生产经验，加之自动化生产线运行稳定性原因，导致生产的构件质量参差不齐，构件报废率较高，有的初期竟然达到了30%。其中混凝土质量，叠合板等薄壁构件裂缝控制，建筑构件水、暖、电预留预埋质量是出现问题最多的方面。尤其是混凝土质量应该引起企业高度重视，混凝土质量决定着混凝土预制构件的质量，由于混凝土硬化阶段的问题不便于发现和纠正，拌合物阶段的质量只能依靠经验丰富的混凝土技术人员判定和控制，因此设立混凝土专业工程师和试验技术人员做好混凝土原材料质量控制和生产质量控制是至关重要的。

2.8 构件安装方面

相比混凝土预制构件生产后质量不合格可以报废不出厂的控制红线，混凝土预制构件现场安装质量的问题就显得复杂得多。安装现场构件堆放损坏、安装过程磕碰损伤、安装工艺质量把控不严、套筒灌浆操作质量难以评价、质量验收过程缺乏严谨等问题都容易在装配式混凝土结构建筑项目中出现，改进和评价都不容易进行，需要安装单位和项目各实施单位紧密配合，强化管理和施工组织，不断提高技术质量管控水平，才能逐步改善和提高预制装配式混凝土结构建筑的安装质量。

2.9 管理层面

目前有些新建预制工厂企业经营者急于求成的心态较严重，缺乏脚踏实地、认真研究生产技术与管理、精雕细作生产优质产品的精神，企业软硬件均不完善，生产管理水平严重较低，造成构件生产效率不高、产品质量差等问题。

2.10 信息化方面

产业化建筑设计施工需要更精细的设计数据，原有的平法施工图纸已不能满足设计、生产和施工的信息流传递要求。BIM（建筑信息模型）技术，可提供更多维度的建筑信息，作为共享的数据共享资源完成建筑各专业、生产、施工、成本和后期维护的统一化管理。但现阶段BIM技术远远没有获得其应有的重视和没有达到应有的技术开发水平。

3 政策建议

根据目前混凝土预制构件生产存在的种种问题，各级政府与预制混凝土行业的相关企业应保持清醒的认识，因地制宜地确定混凝土预制构件生产发展路径，不断总结经验，吸取教训，脚踏实地地推进我国装配式建筑的发展。具体提出以下发展建议：

3.1 加大政策扶持力度，引导行业健康发展

在预制构件生产及装配式建筑发展初期，如果没有政策支持，预制构件生产短期成本压力较大。政府应加大政策扶持力度，各项优惠政策向预制构件生产企业倾斜。大力推进预制构件在写字楼、商品住宅、公共建筑、市政工程的应用，促进装配式建筑从政府主导向企业积极主动合作的战略转变。政府引导形成不同区域产业化建筑的标准化建造方式，提高区域合作协调性，避免盲目投资与市场、产能、技术各方面不匹配的现象出现。

3.2 建立健全预制混凝土行业相关政策法规

各地政府应尽快制订预制混凝土行业相关政策法规。各地住建部门应抓紧改革现行招投标法律法规，制定符合装配式建筑行业的有效的招投标方式及相关法律法规，研究招投标过程中的准入条件，积极探索建筑产业现代化全产链集团的资质建立，坚决杜绝最低价中标导致的利益集团的乱象丛生，不断提高装配式建筑各实施主体的积极性。通过积极的市场竞争优胜劣汰，使装配式建筑向精细化、专业化稳步发展，使市场具有活力，使行业可持续发展。

3.3 加大科研投入，提高预制构件水平

企业应依靠市场竞争规则，加大研发力度，开展技术管理创新，提高预制构件生产水平，拓展预制混凝土构件应用领域。各地预制构件生产企业应提高预制构件标准化、模数化程度，以及质量、品质、精度和生产工艺水平，确保装配式建筑初期的完成质量和实施

效率。前期鼓励特大型企业形成企业级的建筑综合解决方案，最终实现由现阶段的建筑工业化改造提升至建筑产业化社会分工，降低建造成本。

3.4 加大质量监管，确保构件质量

各预制混凝土构件生产企业应充分认识预制混凝土构件生产管理的重要性，应不断学习国外先进的管理经验与技术质量管理体系，加强与有能力的专业咨询单位之间的合作。从企业发展全局出发，制定行之有效的预制工厂经营管理体系、生产制度体系、质量控制体系等与预制混凝土企业发展相关的体系建设框架，通过合作交流，使预制工厂更具专业化与适用性。鼓励开展构件质量认证工作。

3.5 加大信息化建设投入和人才培养力度

鼓励预制构件生产企业积极应用BIM技术，提高企业生产和管理的信息化水平；生产企业应加大技术和管理人才的引进和培养，提高生产和管理水平；各科研院所、相关技术咨询企业也可定期举办培训班，普及预制构件及装配式建筑相关技术知识；各高校应组织进行相关课题研究、实践调研等，积极总结装配式建筑技术体系与教学安排，为开办装配式建筑全产业链相关课程做好充足的准备，以培养与输出装配式建筑专业技术人才和管理人才。

编写人员：

负责人及统稿：

蒋勤俭：北京榆构有限公司

杜阳阳：住房和城乡建设部住宅产业化促进中心

参加人员：

武洁青：住房和城乡建设部住宅产业化促进中心

Topic 25

专题25 预制构件运输与物流

主要观点摘要

一、发展现状

预制构件如果在存储、运输、吊装等环节发生损坏将会很难修补，既耽误工期又造成经济损失。因此，大型预制构件的存储工具与物流组织非常重要。

目前，虽有个别企业在积极研发预制构件的运输设备，但总体看还处于发展初期，标准化程度低，存储和运输方式较为落后。同时受到道路、运输政策及市场环境的限制和影响，运输效率不高，构件专用运输车还比较缺乏，且价格较高。

二、主要问题

（1）前期准备不足。运输吊装前缺乏科学系统的组织方案，对装运工具、运输方案、相关设备材料认识不足，对运输路线的实际状况不清楚，导致运输途中经常出现突发问题，效率偏低。

（2）运输质量难保障。构件放置不合理，保护措施不力导致构件很容易发生碰撞损坏。同时构件装运不合理引发的重复倒运容易造成构件损坏。

（3）运输安全问题较多。我国目前仍以重型半挂牵引车和散装运输方式为主，且基本都不带“厢”，车速过快时很可能导致预制构件甩翻。对构件的固定和绑扎不牢靠也可导致构件吊装过程中的坠落。目前发达国家构件运输多采用甩挂运输车和存储运输一体化方式，能有效保证运输安全。

（4）运输政策制约多。构件运输在超高、超宽、超载、车辆改装等方面都受到交管政策的制约，使得综合成本大幅提高，影响运输效率和工程进度。

（5）缺乏信息化管理。目前我国构件物流运输业信息化程度低。物流运输管理主要依靠手工操作，造成了差错率高、信息传输慢、管理效率低等问题。

（6）第三方物流系统不成熟。目前我国物流系统不能达到装配式建筑构件运输的要求。

(7) 运输车多以燃油为主，新能源运输车较少。

三、建议

(1) 以构件设计标准化推动运输标准化，推行托盘、集装箱、运输工具、卸货站点等设施设备的标准化，推进管理软件接口标准化，全面推进装配式建筑物流运输标准化的建立。

(2) 做好运输前期准备工作，为吊装运输工作提供保障。推行存储运输一体化，施工现场设置构件堆场，合理控制运输半径，降低能耗和污染，提高运输装运效率。

(3) 改善道路环境，重点解决运输政策制约问题。

(4) 积极发展第三方物流体系建设，发挥专业化物流运作优势，转化和分散运输风险，发挥专业化物流运作管理经验，提高运输服务质量。

(5) 以运费占预制构件销售价格8%进行估算，最经济的运输半径为100km以内。

(6) 鼓励相关企业研发预制构件专用存储、运输及配套设备，引进和学习国外先进的甩挂运输设备生产技术和运输、物流信息化管理系统，鼓励设备和机具升级。

1 发展现状

1.1 运输车现状

1.1.1 国外现状

目前，发达国家的物流运输主要采用甩挂运输方式。甩挂运输（Drop and Pull Transport）指的是一辆带有动力的机动车（主车）连续拖带两个以上承载装置（包括半挂车、全挂车甚至火车底盘上的货箱），将挂车甩留在目的地后，再拖带其他装满货物的装置返回原地，或者驶向新的地点，以提高车辆运输的周转率和方便货主装货的运输方式。简单来说就是用一台牵引车将装有货物的挂车运至目的地，将挂车换下后，换上新的挂车运往另一目的地的运输方式。甩挂运输中，牵引车和挂车是属于两个不同的车种，都有各自的行驶证和运营证，可以实现同牵引车上不同挂车的更换。美国的甩挂运输设备以厢式货车为主，厢式半挂车的保有量、销量占到所有类型挂车的70%左右，其中，比例最大的是长头6×4牵引车匹配2轴厢式半挂车，约占厢式半挂车的90%左右。在西欧经济发达国家，可以执行一车两挂，主要以软篷厢式半挂车为主，厢式半挂车的保有量、销量占所有挂车的70%以上。列车总长度为25.0m，总质量最大可以达到60t，最高行驶速度可到110~125km/h。在某些发展中国家，如菲律宾、巴西等国，甩挂运输方式也得到了广泛采用，主要用于到港口、大型堆场和仓库之间的集散运输。

与传统物流运输相似，国外预制构件运输也主要采用甩挂运输方式（图25-1）。目前，营口海容科技有限公司代理销售的德国LanGendorf（朗根多夫）预制构件运输车也是这种原理（其装卸原理图见图25-2）。这种构件运输车通过特殊的悬浮液压系统，安全的装载设计，单人操作，几分钟内实现装卸，无须起重机；无等待时间，对货物无损伤；大幅提升物流效率。原装进口牵引车每台售价约100万元人民币。

图25-1 预制构件甩挂运输

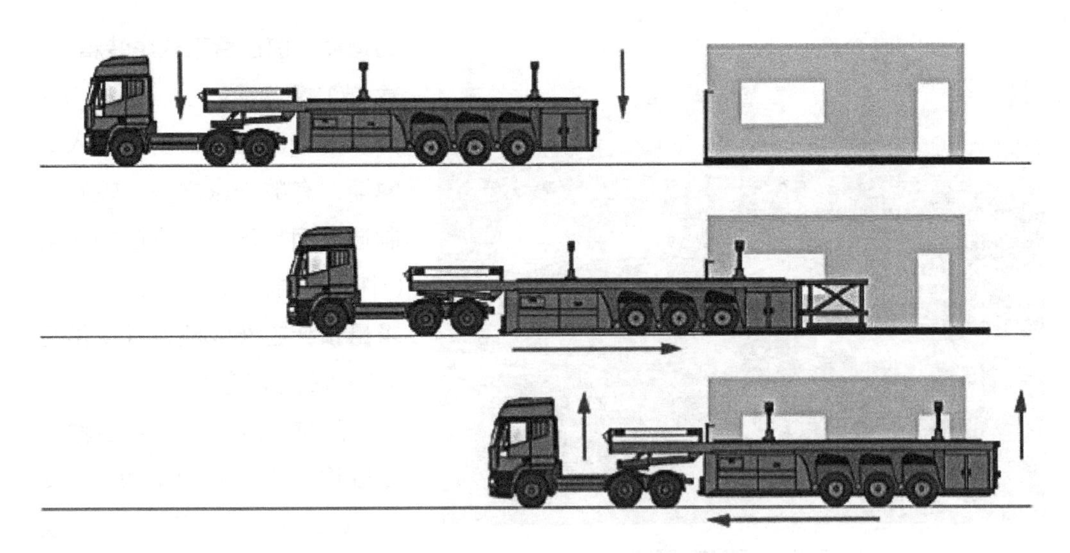

图25-2 LanGendorf预制构件运输车装卸原理图

1.1.2 国内运输车现状

我国运输车种类繁多，按照不同分类方式可划分为：

按挂接方式。主要分为全挂牵引车，半挂牵引车，特种牵引车。其中半挂牵引车主要分为重型半挂牵引车和轻型半挂牵引车，重型半挂牵引车又分为平板车和立板车两种。

按驱动形式。主要分为4×2型牵引车，6×4型牵引车，6×6型牵引车，8×8型牵引车。

按用途。按用途可分为载货牵引车、半挂牵引车和场内用牵引车。

按能源动力划分。按能源动力划分为燃油、燃气、新能源电动运输车。燃气运输车又分为LNG（液化天然气）和CNG（压缩天然气）类型的运输车。其中简单介绍一下两种燃气运输车国内市场情况。① LNG运输车。随着LNG市场的不断扩大，LNG运输车也在不断增加。目前，LNG运输车的购买客户主要有天然气上游开采公司（中石油、中石化、中海油）的自主运输公司（占总拥有量的60%），第三方大型物流公司（如武汉绿能、新疆广汇、福建中闽，占总量的12%）、小型物流公司、挂靠的服务型公司（占总量的12.5%）、个人服务公司。目前制造LNG运输车的制造商也不是很多，主要有中集圣达因公司、张家港富瑞特装公司（韩中深冷），年生产能力在600台以上，其他都是小型的公司，生产能力较低下。② CNG运输车。压缩天然气（以下简称CNG）长管拖车是一种专门装载和运输压缩天然气新能源，它得到国家环保和能源战略政策的支持和倾斜，符合国家能源发展规划。在世界各地，特别是东南亚各国，基于能源战略的考虑以及天然气与燃油相比其价格较低，都在大力发展CNG汽车。CNG

图25-3 重型半挂牵引车

的运输目前已管束式集装箱（8管或10管）为主，以CNG为介质的物流公司目前已进入成熟期，有数十家之多。较好的制造公司每年的产能在1000辆（中集安瑞科）。目前国内的需求量预计在2500辆，且每年将以25%的速度增长。

目前国内预制构件运输主要以重型半挂牵引车为主（图25-3）。其整车尺寸为：长12~17m，宽2.4~3m，高不超过4m。牵引重量在40t以内，动力类型为燃油，且油耗范围在36~50L/100km之间。车速可达119km/h，但一般考虑经济和安全车速为55~85km/h。排放标准根据城市发展水平不同分别为：一线城市要求欧5标准，二三线城市要求欧4标准。

与国外先进的甩挂运输相比，我国的运输车还较为滞后。运输方式也基本还是以一车一挂为主，远远不能适应甩挂运输发展的需要。而且国外预制构件运输挂车是“厢式”，起到安全防护作用，但目前国内基本都不带“厢”。随着国家近年来高度重视甩挂运输发展，在全国逐步推进这种高效运输方式，目前正通过设立专项资金、开展试点工作、推荐标准车型，创造良好的政策环境，大力促进我国物流运输的发展。

预制构件专用运输车方面，国内处于仿制起步阶段，销售量也很少，典型生产厂家有三一重工，每台车售价约60万元人民币。

1.1.3 PC构件专用运输车对运费的影响

PC构件专用运输车的优点是安全、高效、可确保运输质量。但也存在明显的劣势，即运输成本高。主要原因是预制构件专用运输车售价高以及配套使用的储存和运输货架需求量大，当项目开工项目面积较大时，一次性投资大，投资回报慢。按进口原装运输车每台售价100万元人民币，国产专用运输车每台售价60万元人民币计算，对于实际年产量5万m^3的预制混凝土构件厂而言，假定每车运输量10m^3，需要运输5000车次；如果施工项目安装工期8个月，平均每日需要运输20车以上；如果每日周转2次，至少需要10辆专用运输车。根据经验，保证工程安装进度配备的专用货架要满足1~2个月的储存量，需要60~120个，每个货架成本10万元计算，投资量为600~1200万元。

满足年产量5万m^3预制混凝土构件厂需要的运输设备一次性投资为1200万~2200万

元。如果按照牵引车8年折旧和专用挂车5年折旧，每立方米混凝土预制构件运输设备摊销约63~73元，远高于采用传统运输车的方式。

1.2 物流现状

1.2.1 运输对象及运输方式

预制构件主要包括预制混凝土结构构件（表25-1）、金属结构构件（表25-2）和木结构构件（表25-3）等。本文主要论述预制混凝土构件。

预制混凝土构件分类表 表25-1

类别	项目
I	4m内空心板、实心板
II	6m内的桩、屋面板、工业楼板、基础梁、吊车梁、楼梯休息板、楼梯段、阳台板
III	6~14m的梁、板、柱、桩，各类屋架、桁架、托架（14m以上另行处理）
IV	天窗架、挡风架、侧板、端壁板、天窗上下档、门框及单件体积在0.1m³以内的小型构件
V	装配式内、外墙板、大楼板、厕所板
VI	隔墙板（高层用）

金属结构构件分类表 表25-2

类别	项目
I	钢柱、屋架、托架梁、防风桁架
II	架车梁、制动梁、型钢檩条、钢支撑、上下档、钢拉杆栏杆、盖板、垃圾出灰门、倒灰门、篦子、爬梯、零星构件、平台、操作台、走道休息台、扶梯、钢吊车梯台、烟囱紧固箍
III	墙架、挡风架、天窗架、组合檩条、轻型屋架、滚动支架、悬挂支架、管边支架

木结构构件分类表 表25-3

类别	项目
I	拱、昂、爵头、斗
II	柱，额枋，梁，蜀柱，驼峰托脚、叉手等，替木，椽和间，阳马（角梁），椽，飞子（飞檐椽）

1.2.2 国内预制混凝土构件主要储存方式

（1）车间内专用储存架或平层叠放（图25-4、图25-5）

图25-4 车间内专用储存架

图25-5 车间内平层叠放

（2）室外专用储存架、平层叠放或散放（图25-6、图25-7）

图25-6 室外平层叠放

图25-7 室外散放

1.2.3 国内预制混凝土构件主要运输方式

（1）内、外墙板和PCF板等竖向构件多采用立式运输方案，即在低盘平板车上按照专用运输架，墙板对称靠放或者插放在运输架上（图25-8）。

图25-8 墙板运输

（2）叠合板、阳台板、楼梯、装饰板等水平构件多采用平层叠放运输方式（图25-9）。

图25-9　板材平层叠放运输

（3）小型构件和异型构件的散装方式。

目前装配式建筑的发展还处在发展期，预制构件的类型较多、标准化较低，存在较多小型构件和异型构件，不得已采用散装运输方式，这就直接导致运输成本高以及时效性差。而国外的预制构件种类同样是以预制混凝土结构、钢结构和木结构为主，但其标准化程度高，通用性较强，且采用甩挂运输，大大节约了运输成本，减少了运输过程中一系列不必要的问题，增强了时效性。

1.2.4　国外预制混凝土构件储存运输一体化方式

该方式的优点是流水线上生产出的构件一块块码放在专用货架上，专用货架在工厂内也是储存架，专用货架配合预制构件专用运输车使用，不用再次通过卸和装的过程，直接将构件运往工地，大大减少了构件多次装卸过程中的损坏（图25-10、图25-11）。

图25-10　国外预制构件堆放

图25-11 国外采用专用货架进行储存和运输

1.3 物流运输信息化管理

目前，我国预制构件物流运输企业普遍存在着信息化程度低的问题，物流运输管理主要依靠手工操作，造成了差错率高、信息传输慢、管理效率低等现象，这与许多国际著名的汽车制造商都在加大信息系统的建设力度，以求提高整车物流效率、缩短交货时间、提高交货质量、降低物流成本的做法形成了巨大的反差。

1.4 第三方物流发展

目前，国内少部分构件厂自己运输，大多数委托专业运输单位，尽管配送效率不高、还称不上是专业化的“第三方物流”，但也逐步形成了自己的物流配送队伍。国外的“第三方物流”发展相对成熟，尤其在欧洲物流市场中占有重要地位，欧洲部分国家“第三方物流”的市场情况见表25-4。

欧洲各国家“第三方物流”的市场发展（百万欧元） 表25-4

国家		国内物流费用	3PL物流收入	物流总支出	3PL物流收入占物流总支出比例
1	德国	26528	8074	34602	23.33%

续表

国家		国内物流费用	3PL物流收入	物流总支出	3PL物流收入占物流总支出比例
2	法国	18784	6911	25695	26.90%
3	英国	15485	8150	23635	34.48%
4	意大利	12102	1771	13873	12.77%
5	西班牙	5655	1241	6896	18.00%
6	荷兰	4848	1620	6468	25.05%
7	比利时	2914	971	3885	24.99%
8	奥地利	2746	637	3383	18.83%
9	瑞典	2610	737	3347	22.02%
10	丹麦	2175	543	2718	19.98%
11	芬兰	1662	415	2077	19.98%
12	爱尔兰	734	238	972	24.49%
13	葡萄牙	674	137	811	16.89%
14	希腊	690	35	775	4.52%
15	卢森堡	119	40	159	25.16%
总和		97726	31520	129296	24.38%

2 存在问题与瓶颈

2.1 运输前期准备问题

在大型预制构件吊装运输的过程中，时常会出现准备工作不充分的现象，吊装运输之前缺乏科学系统的设计方案，对装运工具以及相关的设备材料准备不足，没有及时探查运输路线的实际状况，导致吊装运输工作缺乏依据，由于事前没有充分的查看设计，使得运输途中经常出现突发问题，在这种情况下吊装运输工作很难有序进行，工作效率偏低。此外，由于在吊装运输之前没有认真地检查、清点构件，致使构件运输到施工现场之后发现质量不合格、构件遗漏等问题，重复作业的现象时有发生。

2.2 运输质量保障问题

2.2.1 构件放置不合理

大型预制构件吊装运输工作中有时还会发生构件放置不合理、保护措施不力等现象（图25-12），导致构件支撑点不稳，车辆弹簧承受的载荷不均匀。在这种情况下，很容易导致构件在运输过程中发生碰撞损坏，另外由于构件放置不稳固、捆扎不力，当车辆颠簸和晃动时也很可能导致构件损坏，甚至出现翻车的风险。

图25-12 构件的不合理码放

2.2.2 构件装运不合理

构件装卸不合理也是大型预制构件吊装运输中的一项重要问题，在实际工作中，有时会出现装运顺序混乱的现象，导致构件运输到施工现场之后卸车麻烦。由于构件体积和重量很大，一旦装运顺序不合理，卸车时重复倒运，将会严重影响施工效率，并且在反复倒运过程中容易造成构件损坏（图25-13）。

图25-13 多次倒运造成的构件损坏

2.2.3 道路环境较差

道路是运输的前提，同时也是运输效率的决定因素。在大型构件吊装运输中，由于道路环境差导致构件损坏的现象屡见不鲜，一旦道路不平坦、不坚实、宽度不够等，运输过程中很可能造成车辆颠簸、晃动严重，使构件发生损坏，并且道路环境差也导致运输效率低下。

2.3 运输安全保障问题

如果运输车速度过快，而且无“箱式”挂车“箱”的安全防护措施，可导致预制构件甩翻；人工对构件的固定和绑扎不牢靠也可导致构件吊装过程中的坠落，对人身安全造成了极大的威胁（图25-14）；由于构件宽度超过车辆宽度，造成违章上路。

图25-14 构件甩翻、发生偏移

2.4 运输成本和效率问题

2.4.1 装卸车及等待时间过长

根据实际项目调研总结，预制构件的卸车时间分别是：水平构件约1h，竖向构件约0.5h，由于构件厂与现场交叉作业等情况会导致无法卸车，等待时间平均约3~4小时。另外由于构件质量问题导致无法按时装车，导致装车时间由正常的1.5h延长至3h以上。

2.4.2 运输车空驶率较高

根据物流行业一份杂志公布的调查数据，目前，中国汽车物流企业公路运输车辆空驶率高达39%，运输成本是欧美的2倍~3倍，且中国大部分汽车物流企业仅能维持1%的资产回报率，远低于美国以运输为主的物流企业平均8.3%的水平，而空驶率是汽车物流成本高居不下的一个重要原因。预制构件的运输同样遇到该问题，因此，中国在降低物流成本方面仍有很多工作可以做。

2.5 信息化管理问题

目前，我国预制构件物流运输企业普遍存在信息化程度低的问题，物流运输管理主要依靠手工操作，或者采用GPS导航系统跟踪管控，但是总体信息化程度较低，造成了差错率高、信息传输慢、管理效率低等现象，这与许多国际著名的汽车制造商都在加大信息系统的建设力度，以求提高整车物流效率、缩短交货时间、提高交货质量、降低物流成本的做法形成了巨大的反差。

2.6 运输能耗和污染问题

2.6.1 废气排放污染严重

据台湾《联合报》报道，台湾“环保署”委托成功大学环工系教授吴义林调查全台PM2.5污染源，前五名为大货车废气、餐饮业油烟、电力业排污、道路扬尘及自小客车废气，与民众想象不尽相同，大货车排废气是制造PM2.5污染的最大元凶。再以北京市为例，北京市全年PM2.5来源中区域传输贡献约占28%~36%，本地污染排放贡献占64%~72%。在本地污染贡献中，机动车、燃煤、工业生产、扬尘为主要来源，分别占31.1%、22.4%、18.1%和14.3%，餐饮、汽车修理、畜禽养殖、建筑涂装等其他排放约占PM2.5的14.1%。2014年全国汽车尾气排放的颗粒物（包括PM2.5），小型客车约占3.5%，其他载客车辆约占17.8%，货车约占78.7%。

通过以上数据不难看出，以北京市为例，汽车尾气排放颗粒物（包括PM2.5）小型客车因素约占1.08%，其他载客车因素约占5.5%，而货车约占24.5%。由此可见，相对小客车而言，货车排放对雾霾造成的影响较大。别看货车数量少，但它们是关键的因素。因此治理雾霾，具体到汽车工业，重要的是从货车入手。目前中国小型客车的排放标准普遍达到了欧四、欧五标准；东京、伦敦等城市的小型客车都比北京多，但这些城市雾霾并不严重，这也从另一个侧面说明，给雾霾作出突出“贡献”的不是小型客车。因此，对汽车工业来说，治理货车尾气排放是减少雾霾的重中之重。

2.6.2 远距离运输能耗高

由于采用传统的燃油车，能耗较高，而未经过合理规划的运输距离更是导致运输车远距离运输，进一步增加了运输能耗，同时更加大了废气排放，污染加重。

2.7 运输政策性制约问题

项目工地在市区时，大多都属于禁止货车通行的范围，只能夜间运输，而吊装只能在白天进行，造成效率低下，运输成本高。部分项目工地施工场地狭小，无法停放备货车辆。备货的不及时造成吊装误工，工期延长，浪费较大。再有目前道路运输限高标准为4.5m（所有的桥洞、涵洞等高度均在4.5m以下），PC板运输车辆不同程度地存在超高。正常情况下PC板运输架在2.5~3.3m之间，道路运输标准为2.4m。基本所有的PC板运输车辆都存在超宽情况。在规划运输车辆配载时，因PC板密度差异，都会造成超载的发生。还有我们的PC运输车辆为了配合板件的合理装配都存在一些去栏板等的小改装。所以PC运输存在的超高、超宽、超载、车辆改装等问题都严重受到交管政策的制约，使得各方面成本大幅提高，影响工程进度。

2.8 第三方物流系统问题

目前，国内少部分构件厂自己运输，大多数委托专业运输单位，但是还称不上是专业化的“第三方物流”。而我国总的物流环境中，大部分“第三方物流”企业的物流设施设备落后、老化、机械化程度不高影响了运输工具的装载率、装卸设备的荷载率以及仓储设备的空间利用率，很难满足客户特定要求。而且物流信息技术水平较低、运输质量低等因素制约了我国第三方物流的发展。因此在这样的大环境下，作为预制构件的物流运输，在第三方物流系统还尚未建立的前提下，未来的路任重而道远。

3 发展思路与对策

3.1 以构件设计标准化推动运输标准化

要加强预制构件的标准化设计，减少运输托盘及装载架的种类，同时要支持仓储和转运设施、运输工具、卸货站点的标准化建设和改造，推广托盘、集装箱等标准化设施设备，建立全国托盘共用体系，推进管理软件接口标准化，全面推进装配式建筑物流运输标准化的建立。

3.2 全面做好准备工作

通过全面的设计、准备可以为吊装运输工作提供保障。在吊装运输开始之前，要充分做好准备工作，设计全面的吊装运输方案，明确运输车辆，合理设计并制作运输架等装运工具，并且要仔细检查、清点构件，确保构件质量良好并且数量齐全。另一方面，在实际运输之前要仔细探查运输路线的实际状况，必要时可以进行试运。另外需要确认的主要信息包括：

项目信息：

（1）项目开吊时间？单层主体的施工周期？

（2）几栋同时开吊？分别有几个塔吊？

（3）各栋主体分别有几支队伍同时施工？

（4）各种构件预计单块吊装时间？

吊装信息：

（1）各大类吊装先后顺序？现浇钢筋配送时段？

（2）各类PC构件，哪些对吊装顺序有严格要求？

（3）各类PC构件间吊装时间间隔？

（4）各块PC构件具体吊装先后？

3.3 合理放置构件

在大型预制构件的吊装运输中，必须要科学合理地放置构件，确保构件支承点安全平稳，并且要使车辆弹簧承受的载荷均匀对称。具体操作时，要采用填充物将构件支撑点垫实，并且应该使车辆装载中心与构件中心部位重合，不同构件之间要使用填充物塞紧，用绳索将其固定牢靠，避免构件在运输过程发生碰撞或晃动，对于一些特殊的构件，要合理使用支撑架等设备（图25-15）。

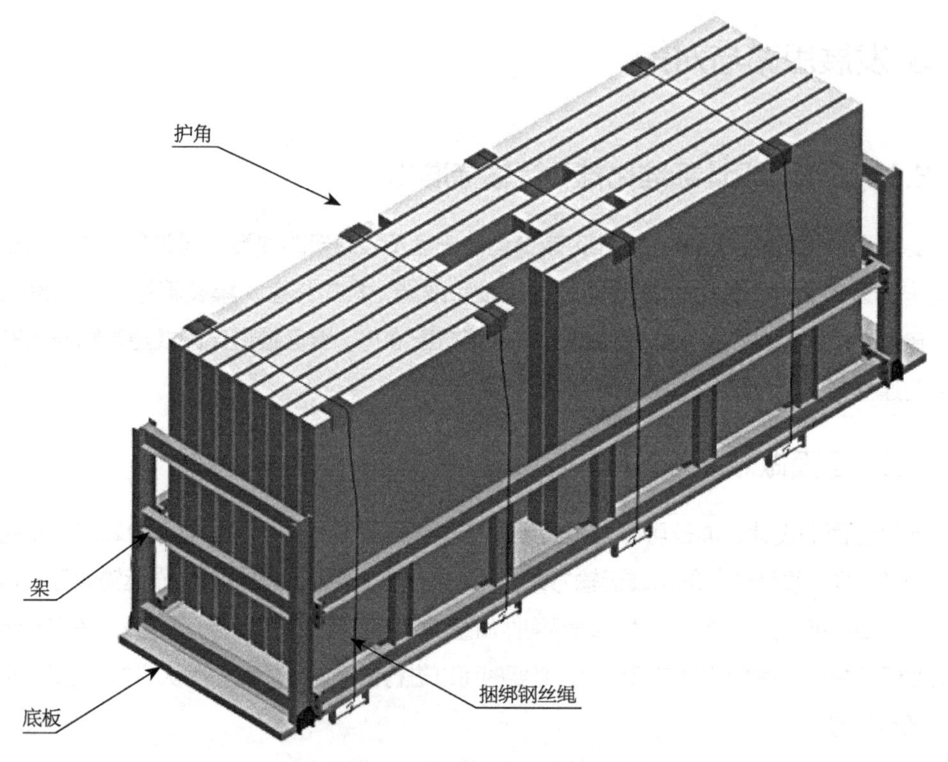

图25-15 构件立装运输支撑示意图

3.3.1　立装运输

运输架外框尺寸9m×2.5m×2.500m（宽内空2.2m），辅助立柱、插销，整体运输货架最大荷载量为50t，货架净重4.5t。

需立运产品：外墙板、内墙板、内隔墙。

3.3.2　平装运输

叠合楼板存放架：活动式、井字形。

叠合楼板：标准6层/叠，不影响质量安全可到8层，堆码时按产品的尺寸大小堆叠；预应力板：堆码8~10层/叠。

叠合梁：2~3层/叠（最上层的高度不能超过挡边一层），考虑是否有加强筋向梁下端弯曲。

楼梯、柱等异形件、现浇半成品钢筋。

辅助：木方或H钢或橡胶块。（预应力楼板底部使用通长H钢，板与板之间使用通长木方）。

对于构件高宽比较大、重心较高，要合理设置钢运架以及支承架，防止构件在运输途中发生倾倒引起车辆倾翻（图25-16）。

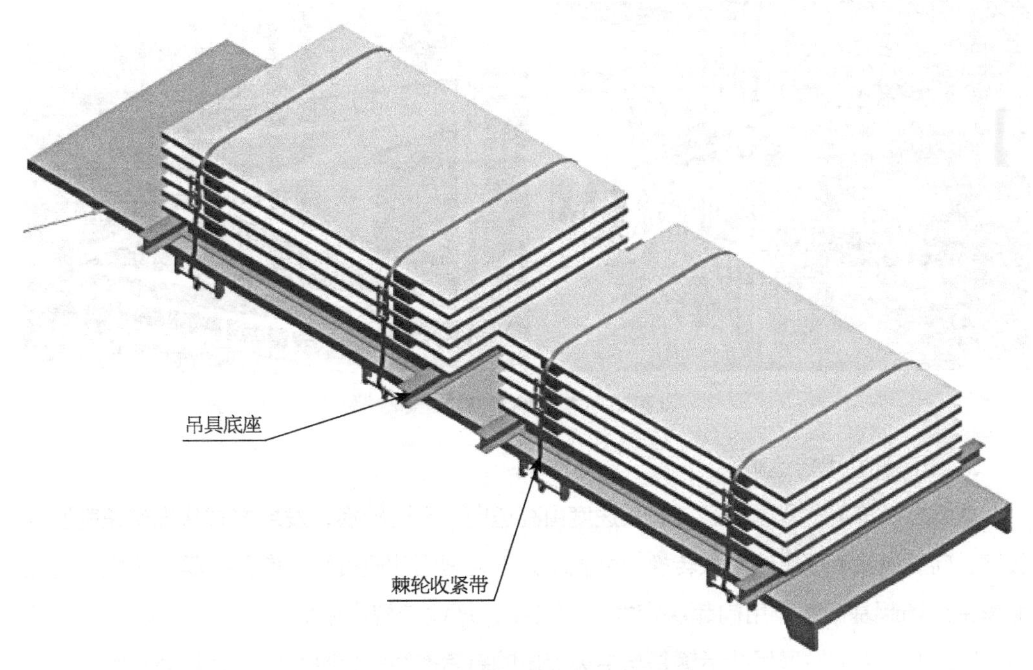

图25-16　构件平装运输支撑示意图

3.4 鼓励运输设备和机具创新

3.4.1 创新吊装架及装载架设计

设计专用的运输吊装架来吊装预制构件。比如通过吊架一次性运输多块构件，大大压缩等待时间，提高运输效率，而且还减少了因多次倒运而造成的构件损坏问题。

装载架在物流运输中的优点：使工厂中的存储更高效；无须工人进行装卸；减少人工操作，可减少风险；可整批存储、运输；减少由于倒运造成的构件质量问题（图25-17）。

图25-17 构件存储装载架

3.4.2 鼓励甩挂运输

新常态经济下，我国的经济增长速度由高速向中高速转换，发展方式从规模速度型粗放增长向质量效率型集约增长转换，增长动力由要素驱动投资驱动向创新驱动转换，资源配置由市场起基础性作用向起决定性作用转换，产业结构由中低端水平向中高端水平转换。所以说，大力发展甩挂运输是与中央提出的新常态经济相吻合的，有其必然性。

甩挂运输车的特点是：可水平、竖直混合装载；能竖直运输大块或超大块（长9.5m）预制板；主装货区构件为自装载，头部平放构件为吊装。其优点为：甩挂运输可以减少牵引车的数量，降低投资成本；可以降低物流成本，提高运输效率；提高集约化程度和物流技术水平；减少质量和安全事故的发生；有利于实现节能减排。甩挂运输车和普通平板车的对比如图25-18所示。

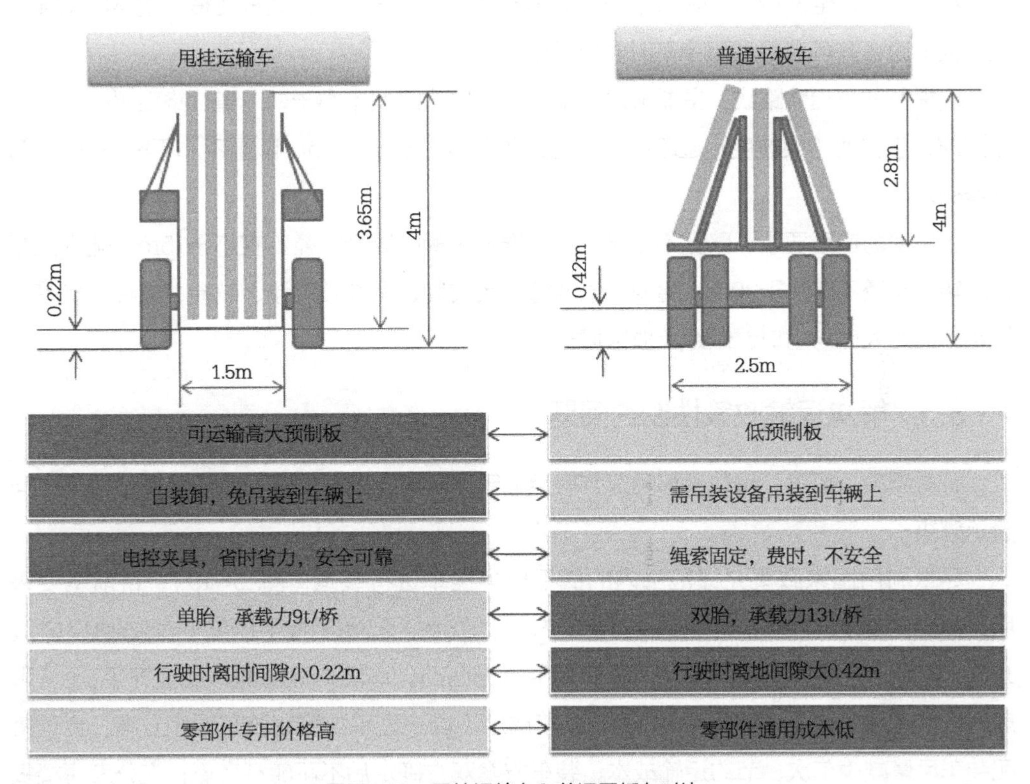

图25-18 甩挂运输车和普通平板车对比

3.4.3 鼓励采用“绿色”运输车

天然气是世界三大能源之一，与石油、煤炭相比较，具有高效、环保、使用安全的特点，因此，我国大力发展天然气行业的发展，鼓励预制构件物流运输采用新型燃料运输车。

另外，新能源电动货车也是未来绿色运输的方式之一。目前新能源电动货车主要为纯电动货车，采用锂电池，电池续航里程不小于120km。应加大新能源电动货车的研发，进一步加大绿色循环低碳运输力度。

3.5 改善道路环境

大型预制构件吊装运输时，必须要选择平坦坚实的运输道路，必要时可以“先修路、再运送”。这样不仅可以确保构件在运输过程中不发生损坏，而且可以在很大程度上提高运输效率。此外，由于运输的构件体积庞大，运输道路要具有充足的宽度，道路转弯处要具有足够的转弯半径，防止运输途中发生意外事故。在大型预制构件运输途中，道路必须要具有充足的转弯半径，普通载重汽车的转弯半径不得小于10m，半拖式拖车的转弯半径不能小于15m，全拖挂车的转弯半径不得小于20m。另一方面，司机要根据道路的实际状况调整车速，并且在起动和停车时要保证车辆平稳。

应提前考查运输路线，主要考虑以下因素：单边路宽不小于两车道、路面平整，无坑洼泥泞、急转弯、大坡度；道路桥梁、电线等限高不低于4.5m、限重不小于50t；交通管制线路。

施工现场道路要求：路宽不小于3t，半拖式车辆的转弯半径不宜小于15m，全拖式车辆的转弯半径不宜小于20m，通道无急转弯、大坡度、泥泞、坑洼、破损、电线干扰等，指定车辆的入口与出口，做好存放区域标示。

3.6 解决运输政策性制约问题

针对超高、超宽、超载、车辆改装等运输管理政策上的问题我们主要从以下几个方面着手解决：

尽量利用国家政策允许范围内的低平板半挂车进行装运（图25-19）。目前主要采用：9.6m×2.5m前四后八轮（限载30t以内）；12.5m×2.5m平板半挂车（限载50t以内）；17.5m高低挂（限载50t以内），车身底板平整无凹凸，车门拆除需与车底板齐平。（所限载吨位含运输架重量）。项目共同确定装车次序不同户型单独编制装车顺序方案，合理搭配装车尽量减少车次，节约运输成本；装车方案双方确定后不可随意变更；充分考虑楼板装车的超宽因素；充分考虑墙板装车的超高超重因素；充分考虑每车每块构件装车的合理布置和车辆车架平衡度。

3.7 设预制构件堆场

图25-19 低平板挂车

装配式建筑主要为吊装施工，对构件的及时供应有很高的要求，若构件不能及时到场将使施工成瘫痪状态，直接影响工期。在预制构件生产、运输过程中太多不可预见性因素，要保持现场一定的预制构件存储量，这样可以解决因市区工程白天禁运、板出现质量问题、运输问题等不能及时到工地时对现场施工进度的不利影响。堆场选取的位置应在塔吊密集覆盖区域内，且离楼栋、道路较近的地方。

图25-20 构件堆场

住宅产业化的全面推广势在必行，然而我们的PC构件厂家在现有运输环境下必然会要遇到超高、超宽、超载、车辆改装等问题的制约而导致工程无法进展，那么就需要我们向政府相关部门申请对住宅产业化运输方面的政策支持来解决这一类问题。

3.8 合理装运构件

大型构件吊装运输过程中，要保证构件的装运顺序科学合理，进而在构件输送到施工现场之后便于卸车，而且卸车时要根据实际施工情况将构件就位，提高施工效率。

例如，对于一些又长又重的大型构件，运输时车辆无法调头，因此在装车时要根据具体的施工情况来确定构件装车方向，确保构件运输到施工现场之后卸车方便，这样不仅可以提高工作效率，更能够降低构件发生损坏的概率。

3.9 控制合理运输半径

控制大气污染要从控制货车入手，减少货运距是节能减排的有效手段。对于不符合新能源标准的传统运输车，为了最大地减少运输成本，降低能耗以及减少废气污染，则要进行合理运距测算。

合理运距的测算主要是以运输费用占构件销售单价比例为考核参数。通过运输成本和预制构件合理销售价格分析，可以比较准确地测算出运输成本占比与运输距离的关系，根据国内平均或世界上发达国家占比情况反推合理运距。

预制构件合理运输距离分析表 表25-5

项目	近运距	中距离	较远距离	远距离	超远距离
运输距离（km）	30	60	90	120	150
运费（元/车）	1100	1500	1900	2300	2650
运费（元/车 · km）	36.7	25.0	21.1	19.2	17.7
平均运量（m^3/车）	9.5	9.5	9.5	9.5	9.5
平均运费（元/m^3）	116	158	200	242	252
水平预制构件市场价格（元/m^3）	3000	3000	3000	3000	3000
平均运费占构件销售价格比例（%）	3.87	5.27	6.67	8.07	8.40

其中：运费参考了北京燕通和北京榆构的近几年的实际运费水平。预制构件每立方米综合单价平均3000元计算（水平构件较为便宜，约为2400~2700元；外墙、阳台板等复杂构件约为3000~3400元）。以运费占销售额8%估算的合理运输距离约为120km。

合理运输半径测算：从预制构件生产企业布局的角度，合理运输距离由于还与运输路线相关，而运输路线往往不是直线，运输距离还不能直观地反映布局情况，故提出合理运输半径的概念。

从预制构件厂到构件使用工地的距离并不是直线距离，况且运输构件的车辆为大型运输车辆，因交通限行超宽超高等原因经常需要绕行，所以实际运输线路更长（以北京五环路为例，杏石口桥限高4.2m构件外墙板和车高已过4.5m，车辆需要绕行西六环才能通过）。根据预制构件运输经验，实际运输距离平均值比直线距离长20%左右，因此将构件合理运输半径确定为合理运输距离的80%较合理。因此，以运费占销售额8%估算的合理运输半径约为100km。

合理运输半径为100km意味着，以项目建设地点为中心，以100km为半径的区域内的生产企业，其运输距离基本可控制在120km以内，从经济性和节能环保的角度，处于合理范围。

3.10 提高运输和物流信息化、智能化管理水平

以互联网为平台，将移动的车辆也纳入运转的信息链中，需要使用移动信息系统，如通过安装车载GPS装置，确定路线数据、车辆数据和行驶数据都被收集起来进行储存、交换、处理。另外还可以进行车辆定位，帮助做好车辆调度等工作。还可以尝试运输车二维码扫描的信息化全程监控，不仅装车、运输、卸车等等一目了然，同时还可以合理划分责

任，严明奖惩。而且通过信息化和智能化运输管控，还增强运输调度的计划性，合理安排构件的出库、发货进度，避免构件的错发漏发等现象的发生。

3.11 加快建立第三方物流体系

装配式建筑的物流运输应加快建立第三方物流体系，不仅可以提升运输效率，合理控制运输成本，更能有效地提高服务质量，转化和分散运输风险等。构件生产企业将物流业务外包给第三方物流公司，由专业物流管理人员和技术人员，充分利用专业化物流设备、设施和先进的信息系统，发挥专业化物流运作的管理经验，以求取得整体最佳效果。

编写人员：

负责人及统稿：

杨思忠：北京市政建材集团

唐　芬：远大住宅工业有限公司

杜阳阳：住房和城乡建设部住宅产业化促进中心

参加人员：

武洁青：住房和城乡建设部住宅产业化促进中心

张　迪：北京市燕通建筑构件有限公司

Topic 26

专题26 预制构件生产线

主要观点摘要

一、发展现状

我国预制构件装备制造业起步较晚，国内的预制构件生产线生产的预制构件种类基本满足装配式建筑的建设需求。目前国内的混凝土预制构件生产线以环形生产线的形式为主，固定生产线和柔性生产线为辅，生产的主要构件多用于剪力墙体系。生产设备按流水生产类型（模台和作业设备关系）可分为：

环形流水生产线：封闭的、连续的按节拍生产方式；

固定生产线：包含长线台座和固定台座，模台固定、作业设备移动生产方式；

柔性生产线：人工工位与设备工位区分开，中央转运车转动模台。

二、主要问题

（1）工业化生产优势不明显。主流的环形流水线生产线上，模台在规定路线上运行，由于工位操作时间不同，例如人工操作的边模和钢筋绑扎占时过长，缺少相匹配的自动化设备，造成“快等慢”，或者窝工的情况，各工序时间节拍不匹配，无法充分发挥先进制造业的优势。

（2）构件设计与生产设备不匹配。主流的灌浆套筒连接体系下，构件生产时需要工人在表面上预留相应的灌浆孔及固定预埋件，构件面层需人工找平、抹光处理。目前工人操作不熟练，生产效率较低。

（3）模具的标准化程度低。目前国内的剪力墙生产大多采用定制化边模，难以重复利用，增加了构件生产的成本。

（4）信息化管理和服务水平偏低，企业现代化管理水平有待提升。

三、建议

（1）预制构件生产各环节的整合：加强预制构件生产原材料、生产工艺、物流运输等各环节的整合，为预制构件生产厂家提供全套的系统解决方案。

（2）生产通用化：提高设计标准化、生产标准化。制定统一的构件设计模数和生产协调标准，提高构件生产的重复率和使用的通用性，减少模具数量，降低成本。

（3）废弃物和绿色能源利用：从环保和循环经济的角度，预制构件厂工艺规划时应考虑废水及废渣的回收及循环利用，利用太阳能等清洁能源，可节约构件生产成本，降低能耗和污染。

（4）信息化系统：着力研发自有的生产管理系统，垂直整合上下游，致力于生产管理系统（ERP）和BIM的兼容性研究，实现预制构件产品的全生命周期管理、生产过程监控系统、生产管理和记录系统、远程故障诊断服务等信息系统软件的开发和实施，提高信息化水平。

（5）柔性化及模块化：积极推广柔性生产系统，使一条生产线能够适应不同生产节拍、不同生产工艺的预制构件的生产，减少企业投资，提升经营效益。

（6）预应力混凝土构件生产设备：建议推广预应力混凝土构件，降低钢材用量、节约造价，提高构件抗裂性能。加大预应力构件生产中张拉、放张过程监控设备的研制，保证其生产质量的稳定性。

（7）相关辅助设备研发：鼓励预制构件生产线制造厂家研发相关辅助工具和小型设备，尽量减少人工操作工序，如外墙饰面材料和保温材料的放置、边模的安装和拆卸、预埋件的安装、钢筋放置等，提高自动化程度，降低工人劳动强度，提高生产线效率。

1 发展历程

1.1 流水生产线概述

现代流水生产方式起源于1914~1920年的福特制，在科学组织生产的前提下力求高效率和低成本，通过传送带式的流水线生产方法，实施产品、零件的标准化，设备和工具的专用化以及工厂的专业化。劳动专业化和零件互换性是流水线式大规模生产的前提。

流水生产线是指劳动对象按照一定的工艺路线顺序通过各个工作地，并按照统一的生产速度（节拍）完成工艺作业连续的重复的生产过程。按生产对象的移动方式可分为固定流水线和移动流水线。

流水生产线具有以下优点：①具有较高的经济效益；②缩短生产周期，加速资金流动周转；③减少半成品库存量，降低了生产成本；④保证和提高了加工质量；⑤便于生产管理。

流水生产线具有以下缺点：①易使工人产生单调感和厌倦情绪；②缺乏柔性，对产品品种变更的适应能力较差；③流水线对环境条件的变化反应敏感；④组织流水线一次性投资较大。

1.2 国外预制构件生产线发展历程

现代意义上的工业化混凝土预制构件生产在半个世纪前才得到真正发展。20世纪60年代到70年代，随着生活水平的提高，西方发达国家人民对住宅舒适度的要求也不断提高，专业工人的短缺进一步促进了建筑构件的机械化生产，通过借鉴其他工业产品生产线的生产模式，欧洲的一些制造业强国开始采用工业化生产的方式来生产混凝土预制构件，芬兰、德国、意大利、西班牙等国出现了专门生产制造预制构件流水线设备的企业，纷纷用机械替代人工，对于提高构件质量和效率、降低劳动生产率起到了很好的作用。

经过60年左右的发展，国外发达国家混凝土预制构件的生产方法由传统的手工支模、布料、刮平，发展到高智能、全自动化一体化生产方式，因此混凝土预制构件装备也较为齐全、先进。作为建筑工业化最早的倡导者的诞生地，德国在装配式建筑发展道路中的关键性作用和杰出表现一直吸引着世人的目光，具有一批国际领先的专业装备制造公司。

1.3 我国预制构件生产线发展历程

与国外相比，我国的预制构件装备制造企业起步较晚，特别是长期以来建筑业以现浇为主，预制构件行业一直处于低迷状态，制约了我国建筑预制构件装备业的发展，预制混凝土成套设备的生产企业比较少，近十年国家启动高铁建设促进了这一行业的发展，部分企业开始自主研发，陆续兴起一批装备制造企业，从事混凝土预制构件成套装备研发和制造。

目前，国内陆续发展起一批混凝土构件生产装备公司，如河北新大地、三一快而居、华森重工、上海庄辰、北方重工等。其中，河北新大地机电制造有限公司通过成熟的高速铁路成套无砟轨道板、轨枕系统生产及施工装备制造技术，积累了大量的科技研发和实际生产的经验，在此基础上，为了促进我国装配式建筑发展，自主研发了用于装配式建筑的各类混凝土预制构件生产线，取得了一定的业绩。三一快而居是2014年三一集团收购中山快而居住宅工业有限公司新组建的预制构件装备业务板块，成立湖南三一快而居住宅工业有限公司，专业从事PC成套装备、构件及工业化住宅的研发、设计与施工；上海庄辰和河北雪龙则侧重PC构件模具生产制造，同时兼顾预制构件装备生产制造；鞍山重工和北方重工等国内知名的重工机械公司，2014年开始关注并进入预制构件装备领域。

综上所述，国内的混凝土预制构件生产线研制起步较晚，是近几年才兴起的新型产业。

2 发展现状

预制构件生产线按生产内容（构件类型）可分为：①外墙板生产线、②内墙板生产线、③叠合板生产线、④预应力叠合板生产线、⑤梁、柱、楼梯、阳台生产线。

预制构件生产线按流水生产类型（模台和作业设备关系）可分为：①环形流水生产线、②固定生产线（包含长线台座和固定台座）、③柔性生产线。

2.1 环形流水生产线

环形流水生产线一般采用水平循环流水方式，采用封闭的连续的按节拍生产的工艺流程，可生产外墙板、内墙板和叠合板等板类构件，采用环形流水作业的循环模式，经布料机把混凝土浇筑在模具内、振动台振捣后需要集中进行养护，使构件强度满足设计强度时才进行拆模处理的生产工艺，拆模后的混凝土预制构件通过成品运输车运输至堆场，而空模台沿输送线自动返回，形成了环形流水作业的循环模式。

环形生产线按照混凝土预制构件的生产流程进行布置，生产工艺主要由以下部分构成：清理作业、喷油作业、安装钢筋笼、固定调整边模、预埋件安装、浇筑混凝土、振捣、面层刮平作业（或面层拉毛作业）、预养护、面层抹光作业、码垛、养护、拆模作业、翻转作业等工艺组成。

典型的混凝土预制构件环形生产线布置如图26-1所示。其主要包含以下设备：模台清理机、脱模剂喷涂机、混凝土布料机、振动台、预养护窑、面层赶平机、拉毛装置、抹光机、立体养护窑、翻转机、摆渡车、支撑装置、驱动装置、钢筋运输车和构件运输车等。

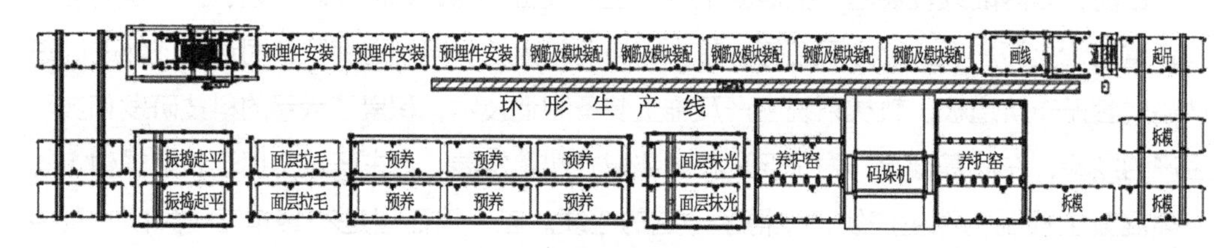

图26-1 典型环形生产线布置

环形生产线根据生产构件类型的不同，在工位布置上会有一定的变化，但其整体思路都是一种封闭的连续的环形的布置。

2.2 固定生产线

固定生产线又可分为长线台座生产线和固定台座生产线，其基本思路均采用模台固定、作业设备移动的生产方式进行布置。长线台座生产线是指所有的生产模台通过机械方式进行连接，形成通长的模台，图26-2是一种典型的长线台座生产线布置。固定台座生产线则是指所有的生产模台按一定距离进行布置，每张模台均独立作业，图26-3是一种典型的固定台座生产线布置。

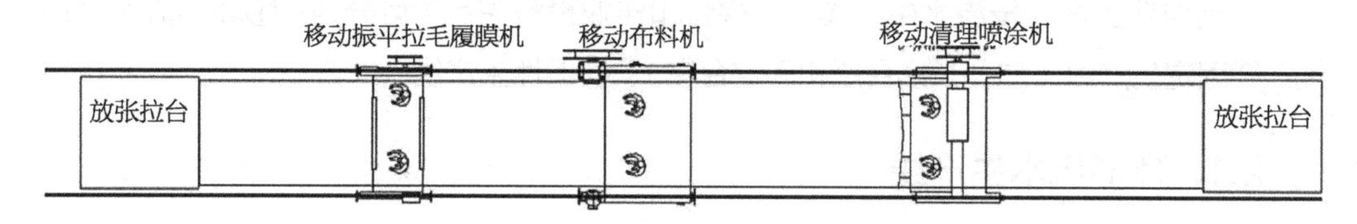

图26-2 典型长线台座生产线布置

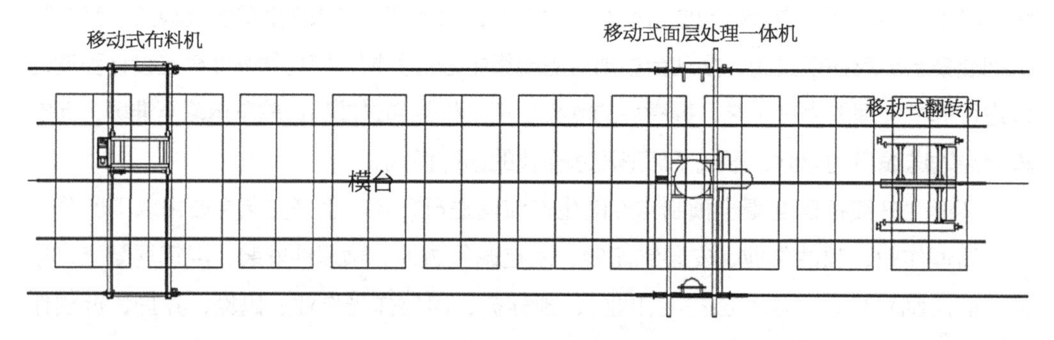

图26-3 典型固定台座生产线布置

目前，长线台座生产线主要用于各种预应力楼板的生产，固定台座生产线主要用于生产截面高度超过环形生产线最大容许高度、尺寸过大、工艺复杂、批量较小等不适合循环流水的异型构件。

固定生产线因采用模台固定、作业设备移动的布置方式，无法像环形生产线一样大面积的布置作业设备，故该类型的生产线大多采用作业功能集成的综合一体化作业设备，如移动式布料振捣一体机、移动式面层处理一体机、移动式振平拉毛覆膜一体机、移动式清理喷涂一体机、移动式翻转机等。

2.3　柔性生产线

柔性生产线是一种混凝土预制构件生产线，将人工加工工位与设备加工工位区分开来，通过一台中央转运车来转运模台。其综合了传统环形生产线和固定生产线各自的优势。柔性生产线相对传统的环形生产线，有以下优点：

（1）在混凝土预制构件的加工工艺中，人工的装边模板，装钢筋，装预埋件，装保温层的工位用时很多，是生产线的瓶颈工位。环线中为了匹配节拍，需要增加人工工作的工位数，这就导致了生产线变长，对于空间长度不够的车间，只能延长节拍，减低产能来对应。

（2）在环线生产线中，由于模台在规定线路上运行，由于各工位需要时间不同，很容易出现“快等慢”的情况。或者由于其中一个模台出现故障需要暂停，则全线都需要等待问题解决后才能继续运行，很容易窝工。柔性生产线由于存在独立的工位，可以把慢模台或者故障模台转移到独立工位上，不影响其他模台的运行。

（3）在设备加工的工序中，仍然保留了流水线的特性，环形流水线的优势依然保留。

（4）内墙板、外墙板、叠合板均可以生产，调度灵活，可以适应各种生产形势。

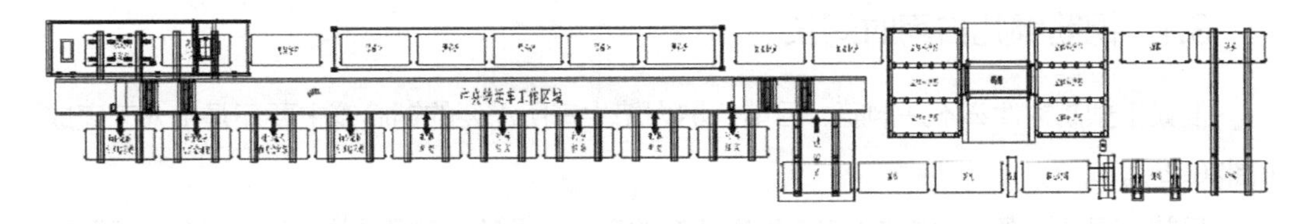

图26-4　典型的柔性生产线布置

柔性生产线的基本思路是为了不影响流水线的生产节拍，将需人工作业，作业效率较低的某个工序从流水作业中分离出来，设置独立的工作区，该工序完成后可随时加入流水线中，不占用流水线的循环时间，保证整条流水线的生产节拍，需设备作业完成的工序仍保留流水作业的方式，不影响生产效率。

柔性生产线的独立工作区和整条流水线类似于半成品分厂和总厂的关系，因此可根据场地的实际情况灵活布置，工艺设计的弹性更大，具有多种变形，对生产的构件类型适应性更强。

3 存在问题与瓶颈

目前国内已形成生产能力的混凝土预制构件生产线以环形生产线的形式为主，生产的主要构件多为剪力墙体系的装配式建筑所需的各类构件，如三明治剪力墙、预制内墙、桁架筋叠合楼板等，存在着品种多、批量少的问题，从实际应用情况看，还存在不少的问题。

环形流水生产线的其中一个不足就是“缺乏柔性，对品种变更的适应能力较差”，导致构件产能难以提高，降低了投资收益。国内一些构件厂为了实现较大的产能，采用了将外墙板、内墙板、叠合板分别独立生产，为每一类构件各设置了一条生产线，以解决生产种类过多的问题，这直接增大了初期投资，为后续经营带来了很大压力。

同时，从整个装配式建筑体系的宏观角度来看，一栋装配式建筑，所需要的混凝土预制构件中，外墙板、内墙板、叠合板的体积大致为1：2：1，如果为每一种构件设置独立的生产线，由于各条生产线的任务量不匹配，再加上目前国内装配式建筑的需求量较小，现有生产线任务量不饱满，造成部分生产线闲置，也降低了投资效益。

对部分构件生产厂家来说，同时建立三条预制构件环形生产线，需要较大的场地和设备投资，投资回收周期长，对生产厂家的资金压力较大。

分析造成以上问题的原因，从混凝土预制构件生产过程来看，主要是由于以下几个方面的问题：

3.1 钢筋绑扎占用时间长

混凝土预制构件离不开钢筋。目前，剪力墙生产所需要的钢筋笼主要还是由人工完成（图26-5）。

目前，国内外都没有能够生产该种钢筋笼的自动化设备，钢筋绑扎又不可避免，且需要边模的配合，因为墙板上需要留出连接用的“胡子筋”和箍筋，需要由工人将各类钢筋半成品进行绑扎形成钢筋笼的形式，耗时较长。如果采用封闭的连续的环形生产线，将钢筋绑扎的工作放到生产线模台上去做，势必影响生产线的效率，因为构件类型或尺寸大小的不同，那么各个钢筋绑扎工位的工作量也是不尽相同，对于环形生产线来说，只能选取耗时最长的模台作为整条生产线的节拍，生产线不能正常的流转，一般难以真正达到设计产能。

图26-5 人工绑扎钢筋笼

3.2 部分设备不适用

图26-6 已绑扎好的钢筋及边模

国内装配式建筑的主流连接方式是灌浆套筒连接体系，在构件生产时需要在表面上留出相应的灌浆孔，同时由于一些预埋件需要固定，造成了构件表面的突出物较多，降低了工人生产操作的效率，如图26-6所示。

需要处理的构件表面不平整，使得用于构件面层赶平、抹光处理的设备（如面层赶平机、面层抹光机）不能很好的应用，目前构件面层处理的工作大都由工人手动完成。

3.3 各工序时间节拍不匹配

混凝土预制构件生产线的布置遵循构件生产的工艺，通常包含下述工序：模台清理、画线、喷涂脱模剂、边模及钢筋绑扎、预埋件安装、混凝土浇筑、振捣、面层赶平处理、预养护、面层抹光处理、养护、拆边模、吊装等。

其中模台清理、画线、喷涂脱模剂、混凝土浇筑、振捣、面层赶平处理、预养护、吊装等工序由相应的设备完成，通常可在5~15min内完成作业。

边模、钢筋绑扎、预埋件安装、面层赶平处理、面层抹光处理、拆边模等工序现阶段主要由人工完成，其中以边模和钢筋绑扎耗时最长，通常完成一块剪力墙板边模及钢筋绑扎需要120~180min才能完成。

边模及钢筋绑扎的工作联系紧密，不适合分开作业，最好是由同一组作业工人自始至终的完成全部作业，在绑扎钢筋的时候也不能脱离边模独立绑扎钢筋。现阶段的混凝土预制构件在养护过程中均为带边模一起养护，构件养护完成后，需要拆下的边模被送至指定区域进行边模及钢筋绑扎的工作，用于下一次构件的生产，绑扎工作耗时120~180min，且拆下的边模还需要临时堆放的场地。在绑扎的同时，已吊装完构件的模台在完成清理、喷涂等工序后，已经到达边模及钢筋的安装工位，这一过程通常在60min内就能完成，而此时边模及钢筋仍在绑扎。除非构件生产厂家针对同一块构件具有两种相同的边模用以循环使用，这又增加了生产厂家的生产费用。由此引申出了下一个问题。

3.4 模具不通用

目前国内的剪力墙生产大多采用定制化边模，构件生产厂家在拿到构件图纸后才能去找厂家定制该批次构件的边模，一张图纸对应一种边模，该批次构件生产完成后，相应的边模基本上就不能再次使用，能循环利用的边模很少，增加了构件生产的成本。

综上所述，环形生产线在混凝土预制构件生产过程中存在着各种不适应的问题（即使是德国的预制构件生产线，其高自动化程度也仅限于德国体系，当其生产线用于我国体系生产时，同样面临以上问题），这里面有体系的原因、有标准化不到位的原因、也有设备厂家研究不深入的原因。总之，如何能够让预制构件生产线更好地发挥作用，提高生产效率，助推装配式建筑发展，需要全行业不断的努力，在构件和装备方面同时进行标准化、系列化、定型化、通用化的研究。

4 发展思路与对策

为了要解决上述各种问题，预制构件生产线的发展需要在以下方面进行深入的研究。

4.1 预制构件生产各环节的整合

混凝土预制构件是钢筋、混凝土的结合体。现阶段，钢筋加工设备制造企业、混凝土搅拌站制造企业、预制构件生产线制造企业各自都专注于自身的产品，相互之间联系很少，缺乏沟通。预制构件生产线作为混凝土预制构件最终成型的环节，生产线制造企业应当肩负起整合各环节的责任，为预制构件生产厂家提供全套的系统解决方案，综合考量构件生产原材料、生产工艺、物流运输等环节的需求。

4.2 模具的匹配

如前所述，预制构件生产线厂家应介入模具的设计和生产环节，针对国内的生产现状，设计出更为合理的构件生产模具，如组合类模具等，提高模具的重复利用率，增强不同项目之间的边模通用性和互换性，从而降低预制构件的生产成本。

4.3 废水、废弃物的回收利用

预制构件生产线中，布料机、混凝土输送料斗需要与混凝土直接接触，每次作业完成后，都需要使用高压水进行冲洗以备下次使用，该过程会产生部分废水；构件养护完成后，在送往成品堆场之前，需要对构件安装时的现浇结合面进行冲洗作业，该过程同样会产生部分废水；模台清理机将模台上的混凝土废料清理完成后统一收集，该过程会产生部分废料。

综上所述，在预制构件生产过程中会产生一定量的废水及废渣，这些废水及废渣不能满足直接排放或丢弃的要求。从环保和循环经济的角度，预制构件厂工艺规划时应考虑废水及废渣的回收及循环利用，也可间接的节约构件生产成本。

4.4 绿色能源的利用

目前，预制构件生产过程中的养护大多采用蒸汽养护方式，各构件生产厂家均配置了蒸汽锅炉，以燃煤、燃气为主，对能源消耗较大，且对环境有一定不利影响，应该提高能源的利用率以及清洁能源的应用。

太阳能作为一种绿色能源，应当引入到预制构件生产过程中来，如有的厂家已经采用阳光房作为构件的养护窑；有的厂家采用太阳能发电，节省传统电能的消耗；还有的厂家采用太阳能加热热水，再将热水送入蒸汽锅炉，减少锅炉的能源消耗量。

4.5 信息化系统

与欧美发达国家的预制构件生产线相比较，我国的装备制造水平与其的差距不大，且更加适合中国国情。但是，在生产过程中的信息化程度及其对上下游的整合度方面，国内国外的差距较大。

国内预制构件生产线制造厂家应着力研发自有的生产管理系统，垂直整合上下游，致力于生产管理系统和BIM的兼容性研究，实现预制构件产品的全生命周期管理、生产过程监控系统、生产管理和记录系统、远程故障诊断服务等信息系统软件的开发和实施，提高信息化水平。

发达国家预制构件行业与装配式建筑产业链中各个环节联系紧密，设计、生产、管理已经实现信息互通，甚至部分产品已经实现自动化制造和智能制造，这是我们未来努力的方向。

4.6 柔性化及模块化

国内现有的预制构件生产线大多为固定节拍生产线，即刚性生产线，当生产线中的某个环节的生产时间不足时，则会影响整条生产线的运行，国内多数新建预制构件厂难以达到设计产能的情况已经显现。新型的混凝土预制构件柔性生产系统，使一条生产线能够适应不同生产节拍、不同生产工艺的预制构件的生产，可以减少企业投资，提升经营效益。

预制构件设备多数为非标设备，可通过模块生产工艺，将预制构件生产线的装备部品模块化制造，提高预制构件生产线的制造效率及精度，进而降低预制构件生产线的造价，提高预制构件生产线及预制构件的竞争力。

为了避免盲目投资，预制构件厂工艺设计时，可以考虑整体规划、分步实施，注意设备线的兼容性，为后期的升级改造留下发展空间。

4.7 预应力混凝土构件生产设备

预应力混凝土构件因采用预应力高强钢筋，含钢量降低30%以上，具有节约造价、提高构件抗裂性能的优点。目前国内预应力混凝土叠合板多采用长线台座生产法进行生产，生产线包含混凝土布料机、振平拉毛一体机、清理喷涂一体机、覆膜机、钢丝入模机、张拉机等设备，预应力梁的生产目前较多采用人工作业为主的生产方式。长线法生产降低了劳动强度，提高了生产效率，但是存在养护时间长、能耗高的不足。以PK板为例，积极开发预应力构件环形自动化生产线，将立体养护窑应用于生产过程，将机器人技术应用于肋的生产过程必将进一步助推其大批量工业化的进程。针对预应力构件生产中张拉、放张过程监控设备的研制也有利于保证其生产质量的稳定性。

4.8 构件复合功能辅助设备的研究

目前，在预制构件生产线中，涉及构件复合的工作（如外墙饰面材料、保温材料的放置）均由人工完成，效率较低。预制构件生产线制造厂家应研究相关辅助设备，提高自动化程度，降低工人劳动强度，提高生产线效率。

4.9 配套辅助工具和小型设备的研究

在预制构件生产线中，部分工作需要大量的人力且劳动强度大，如边模的安装、边模的拆卸、预埋件的安装、钢筋的放置等。为了能够节省人力，减轻工人的劳动强度，相关的配套辅助工具和小型设备也应该作为生产线制造厂家的研究内容之一。

编写人员：

负责人及统稿：

张淑凡：河北新大地机电制造有限公司

韩彦军：河北新大地机电制造有限公司

白晓军：河北新大地机电制造有限公司

武洁青：住房和城乡建设部住宅产业化促进中心

参加人员：

杜阳阳：住房和城乡建设部住宅产业化促进中心

谷明旺：深圳市现代营造科技有限公司

樊　骅：宝业集团股份有限公司

Topic 27

专题27 预制构件质量控制与标准化、通用化

主要观点摘要

一、现状及问题

预制构件作为一种工厂生产的半成品，质量要求高，没有返工机会，一旦发生质量问题造成的损失可能比现浇的更严重。影响预制构件质量的因素很多，主要有以下五方面：

（1）人员素质。由于行业发展出现过断档，直接导致人才的流失，从业人员从事现浇施工或转行，管理和技术人才严重短缺。此外，由于我国建筑业推行“管理与劳务相分离”，农民工为建筑工人的主力军，他们基本没有装配式建筑的概念，更谈不上与之相匹配的技能和素质。缺乏稳定的劳动队伍，很多企业难以形成装配式建筑相适应的生产和管理能力。

（2）生产装备和材料。高精度的构件质量需要优良的模具、设备、原材料及各种配件保障。目前“以包代管”的思想下，设备和原材料采购中无视产品质量的底线，一味追求低价，直接造成产品质量难以把控。

（3）技术和管理。在预制构件的生产过程中用到了很多新技术、新材料、新产品、新工艺，从业人员需不断加强学习，掌握相关知识和经验。目前很多企业的技术和管理人员缺乏“品质为王”和对产品质量负责的意识。

（4）工艺工法。由于不同工法、工艺的差别，目前制作同样的预制构件的产品质量参差不齐，生产效率也大相径庭。

（5）标准化、通用化。目前我国构件的标准化、通用化程度较低，造成构件重复率不高，模具不通用提高了成本，也无法储存成品，工艺设备和操作工人都不稳定，很难提升生产效率和效益。

二、质量控制建议

改变“以包代管”的思想，提高企业技术和管理人员对产品质量的责任心。通过提高

构件设计标准化、生产通用化，固化生产工艺，提高工人稳定性和操作熟练度，保证生产的连续性和质量稳定性，提升构件产品的质量和精度，实现生产和存储任务协调，最终达到效率的提高和效益的提升。

（1）保障预制构件生产质量

坚持按照质量管理制度和管理程序，必要时采购方或监理应实行驻厂监造。

1）模具制作：在批量制作模具前，根据构件特点和生产工艺进行模具设计，每种构件制作一个样模，进行试生产，对出现的问题进行调整，确保模具无误后再进行批量制作。模具到场后应做到逐个进行检查验收。

2）生产质量检查：检查原材料质量、钢筋加工成型质量、模具拼装质量、预埋件位置、混凝土质量等，模具、材料、埋件的质量是构件质量的基本保证。

3）工艺控制：检查脱模剂及露骨料药剂涂刷情况、混凝土密实度及漏浆情况、构件养护升降温情况、构件拆模强度等，生产过程的控制是保证质量的关键。

4）质量检查和缺陷修复：对于构件尺寸、钢筋和预埋件的放置位置，应严格按照《装配混凝土结构技术规程》JGJ1-2014和《混凝土结构工程施工质量验收规范》GB 50204-2015中关于预制构件质量验收的标准进行检查。对于局部的表面缺陷应进行及时修补，完全合格后编码存放，此外构件储存应有相应的保护措施。

（2）保障预制构件运输安全

在运输中应有相应的保护措施，以防构件磕碰损坏而造成质量不合格。

在构件的码放、堆放方面，需要配备相应的存放架、运输架、配套支架、专用垫木等设施，部分构件应采取必要的成品保护措施，如楼梯、构件上的门窗、凸出悬挑物等。

装车运输过程中，应结合安装起吊顺序考虑装载顺序，避免现场多次倒运，并保证构件和支架与车架绑扎固定牢靠，运输前对道路进行探查，以防由于限高、限宽原因导致构件损坏，行驶过程中应尽量保持匀速，转弯掉头和路面颠簸时应减速通过。

（3）保障预制构件安装质量

1）进场验收：结合送货单和出厂报告对构件成品进行验收，对于不合格的构件应该坚决退场。

2）现场施工安装：提前制定构件安装方案，包括专门的质量保证措施。在正式吊装前，应对操作工人进行培训和实操演练，以保证安装施工的顺利进行。对于与构件安装有关的前期准备工作，必须在构件到场前完成。

3）临时加固：构件安装到位后，应及时进行临时加固，防止构件倾倒，吊装过程应防止对已经安装的构件发生碰撞。

1 影响构件的主要因素

构件厂生产的预制构件与传统现浇施工完成相比，具有作业条件好、不受季节和天气影响、作业人员相对稳定、机械化作业降低工人劳动强度等优势，因此构件质量更容易保证。传统现浇施工的构件尺寸误差为5~20mm，预制的构件误差可以控制在1~5mm，并且表面观感质量较好，能够节省大量的抹灰找平材料，减少原材料的浪费和工序。预制构件作为一种工厂生产的半成品，质量要求非常高，没有返工的机会，一旦发生质量问题，可能比传统现浇造成的经济损失更大。可以说预制构件生产是“看起来容易，要做好很难”的一个行业，由传统建筑业转行进行预制构件生产领域，在技术、质量、管理等方面需要应对诸多挑战。如果技术先进、管理到位，生产出的预制构件质量好、价格低；而技术落后、管理松散，生产出的预制构件质量差、价格高，也存在个别预制构件的质量低于现浇方式。

影响预制构件质量的因素很多，总体上来说，要想预制构件质量过硬，首先要端正思想、转变观念，坚决摒弃“低价中标、以包代管”的传统思路，建立起“优质优价、奖优罚劣”的制度和精细化管理的工程总承包模式；其次应该尊重科学和市场规律，彻底改变传统建筑业中落后的管理方式方法，对内、对外都建立起“诚信为本、质量为王”的理念。

1.1 人员素质对构件质量的影响

20世纪90年代以来，我国建筑预制构件行业持续滑坡，多数建筑构件厂关停并转，仅存的预制构件厂大多是面向市政、桥梁工程，纯粹的建筑预制构件企业已经很少。行业的衰落直接导致人才的流失，多数技术和管理人员已经转行从事现浇施工，或者改行从事市政路桥的建设。另一方面，建筑业在推行“管理与劳务相分离”的改革过程中，大量建筑工人下岗，转而被农民工所取代，他们基本没有装配式建筑的概念，更谈不上与之相匹配的技能和素质。再加上劳务队伍的流动性强，使得很多企业难以形成装配式建筑相适应的生产和管理能力。

在大力推进装配式建筑的进程中，管理人员、技术人员和产业工人的缺乏是非常重要的制约因素，甚至成为装配式建筑推进过程中的瓶颈问题。这不但会影响预制构件的质量，还对生产效率、构件成本等方面产生了较大的影响。

预制构件厂属于“实业型”企业，需要有大额的固定资产投资，为了满足生产要求，需要大量的场地、厂房和工艺设备投入，硬件条件要求远高于传统现浇施工方式。同时还要拥有相对稳定的熟练产业工人队伍，各工序和操作环节之间相互配合才能达成默契，减少各种错漏碰缺的发生，以保证生产的连续性和质量稳定性，只有经过人才和技术的沉淀，才能不断提升预制构件质量和经济效益。

如果预制构件厂缺乏有经验的技术和管理人才，不熟悉预制构件生产特点，在原料采购、进度安排、对外协作等方面的管理就会有困难，甚至导致成品率下降；如果生产操作的人员经常变化，将增加人员培训的难度，会出现各工序之间的配合和协调问题，也会严重影响效率和质量。

产品质量是技术不断积累的结果，质量一流的预制构件厂，一定是拥有一流的技术和管理人才，从系统性角度进行分析，为了保证预制构件的质量稳定，首当其冲的是人才队伍的相对稳定。

1.2 生产装备和材料对预制构件质量的影响

预制构件作为组成建筑的主要半成品，质量和精度要求远高于传统现浇施工，高精度的构件质量需要优良的模具和设备来制造，同时需要保证原材料和各种特殊配件的质量优良，这是保证构件质量的前提条件。离开这些基本条件，即使是再有经验的技术和管理人员以及一线工人，也难以生产出优质的构件，甚至出现产品达不到质量标准的情况。从目前多数预制构件厂的建设过程来看，无论是设备、模具还是材料的采购，低价中标仍是主要的中标条件，逼迫供应商压价竞争也还是普遍现象，在这种情况下，难以买到好的材料和产品，也很难做出高品质的预制构件。

模具的好坏影响着构件质量，判断预制构件模具好坏的标准包括：精度好、刚度大、重量轻、方便拆装，以及售后服务好。但在实际采购过程中，往往考虑成本因素，采用最低价中标，用最差最笨重的模具与设计合理、质量优良的模具进行价格比较，最终选用廉价的模具，造成生产效率低、构件质量差等一系列问题，还存在拖欠供应商的货款导致服务跟不上等问题。

“原材料质量决定构件质量”的道理很浅显，原材料不合格肯定会造成产品质量缺陷，但在原材料采购环节，有一些企业缺乏经验，简单地进行价格比较，不能有效把控质量。一些承重和受力的配件如果存在质量缺陷，将有可能导致在起吊运输环节产生安全问题，或者砂石原材料质量差，出问题后代价会很大，这些问题的出现并不是签订一个严格的合同条款，把责任简单地转嫁给供应商就可以解决，其实问题的源头就是采购方追求低价，是“以包代管”思想作祟的结果。

1.3 技术和管理对预制构件质量的影响

在预制构件的生产过程中，与传统现浇施工相比，需要掌握新技术、新材料、新产品、新工艺，进行生产工艺研究，并对工人进行必要的培训，还需协调外部力量参与生产质量管理，可以聘请外部专家和邀请供应商技术人员讲解相关知识，提高技术认识。如果技术管理和操作人员对技术和产品不熟悉，很容易在技术和管理方面发生错误，影响构件的质量和安全。

例如：预制构件生产施工必须使用一些专用的埋件，用于构件起吊、斜支撑、现浇模板的安装，需要预埋水电管线和开关插座盒，如果有遗漏或者位置发生错误，构件将无法安装、造成报废，甚至发生安全事故。

预制夹心保温剪力墙安装过程中要用到灌浆套筒和保温拉接件，这些材料是在传统施工中不存在的新材料，不但技术人员要熟悉其作用和用法，还必须对生产操作人员进行培训和考核，生产过程进行严格的隐蔽质量检查，才有可能保证构件的质量。一旦发生错误，很难有补救的措施，会给企业带来很大的损失。

预制构件作为装配式建筑的半成品，一旦存在无法修复的质量缺陷，基本上没有返工的机会，构件的质量好坏对于后续的安装施工影响很大，构件质量不合格会产生连锁反应，因此生产管理也显得尤为重要。生产管理方面可采取以下措施：

（1）应建立起质量管理制度，如ISO 9000系列的认证、企业的质量管理标准等，并严格落实到位、监督执行。在具体操作过程中，针对不同的订单产品，应根据构件生产特点制定相应的质量控制要点，明确每个操作岗位的质量检查程序、检查方法，并对工序之间的交接进行质量检查，以保证制度的合理性和可操作性。

（2）应指定专门的质量检查员，根据质量管理制度进行落实和监督，以防止质量管理流于形式，重点对原材料质量和性能、混凝土配合比、模具组合精度、钢筋及埋件位置、养护温度和时间、脱模强度等内容进行监督把控，检查各项质量检查记录。

（3）应对所有的技术人员、管理人员、操作工人进行质量管理培训，明确每个岗位的质量责任，在生产过程中严格执行工序之间的交接检查，由下道工序对上道工序的质量进行检查验收，形成全员参与质量管理的氛围。

要做好预制构件的质量管理，并不是简单地靠个别质检员的检查，而是要将“品质为王”的质量意识植入到每一个员工的心里，让每一个人主动地按照技术和质量标准做好每一项工作，可以说好的构件质量是“做”出来的，而不是“管”出来的，是大家共同努力的结果。

1.4 工艺方法对预制构件质量的影响

制作预制构件的工艺方法有很多，同样的预制构件，在不同的预制构件厂可能会采用不同的生产制作方法，这里面就牵涉到工艺水平的问题，不同的工艺做法可能导致不同的质量水平，生产效率也大相径庭。

以预制外墙为例，多数预制构件厂是采用卧式反打生产工艺，也就是室外的一侧贴着模板，室内一侧采用靠人工抹平的工艺方法，制作构件外面平整光滑，但是内侧的预埋件很多就会影响生产效率，例如预埋螺栓、插座盒、套筒灌浆孔等会影响抹面操作，导致观感质量下降；如果采用正打工艺把室内一侧朝下，用磁性固定装置把内侧埋件吸附在模台上，室外一侧基本没有预埋件，抹面找平时就很容易操作，甚至可以采用抹平机，这样做出来的构件内外两侧都会很平整，并且生产效率高。

预制构件厂应该配备相应的工艺工程师，对各种构件的生产方法进行研究和优化，为生产配备相应的设施和工具，简化工序、降低工人的劳动强度。总体来说，越简单的操作质量越有保证，越复杂的技术越难以掌握、质量越难保证。

2 标准化、通用化

预制构件生产看似简单，但牵涉到模具、材料、设备、工艺等问题，技术含量明显高于传统现浇施工，生产前的深化设计、技术安排、人员培训、材料准备、品质管理等工作需要耗费大量的精力，从全过程看很多工程的预制构件厂生产效率不高，原因主要在于前期准备工作需要的时间周期很长，影响了经济效益的发挥。如果不同的项目之间构件的重复性较小，模具和工艺变化很大，工人的熟练程度难以提高，会造成大量的模具浪费。特别是预制构件一般为订单式生产，预制构件厂难以保持连续开工，闲置时间过长会增大企业负担。

如果预制构件产品能做到标准化、通用化、系列化，便于生产和储存，像水泥制品厂生产水泥管桩、水泥电线杆、水泥管道、路缘石、人行道砖等产品一样，工艺设备和操作工人都相对稳定，就可以增加经济效益。

建筑预制构件的质量主要取决于生产工艺的难易程度，这是由构件的复杂程度决定的，主要受制于建筑设计的标准化程度。如果构件设计标准化程度比较高，构件有较高的重复率，不同的构件之间有一定的重复性，甚至不同部位的构件通用化，就可以减少模具的数量降低成本，同时生产工艺得以固化，工人的操作熟练程度就会提高，有利于不断改善和提升质量水平。

以预制楼梯为例，如果采用传统现浇施工，不但浪费模板，而且施工难度大，质量难以保证，往往在施工阶段已经被磕坏，成本非常高。普通住宅的层高一般按照2.8m、2.9m、3.0m设计为主，分为单跑剪刀梯和双跑梯两种，只要制定6种规格的标准，设计成标准图集，即使是现浇施工的普通住宅也可以使用，如果在工厂里采用标准化的模具连续生产，不但效率高、质量好，而且成本低，一旦推广开来，就能保证构件厂生产的连续性。

总之，提高构件质量的有效方法主要有以下几点：将复杂问题简单化、将简单问题重复化、将重复问题定型化。这需要从装配式建筑设计的源头抓起，方案阶段即要考虑到模数化、系列化，应结合构件的生产过程和安装过程特点，使构件的生产和施工简单化，来综合考虑到构件单元的深化设计。

3 质量控制

3.1 预制构件生产质量控制要点

在预制构件生产阶段，需要提前进行预制构件模具的制作，在批量制作模具前，应该根据构件特点和生产工艺进行模具设计，每种构件制作一个样模，进行试生产，对存在的问题进行调整，确保模具无误后，进行批量的模具制作，模具到场后，应逐个进行检查验收。

生产质量检查的主要内容包括：原材料质量、钢筋加工成型质量、模具拼装质量、预埋件位置检查、混凝土质量等，模具、材料、埋件等质量是基本的保证。

生产过程主要应进行工艺控制：检查脱模剂及露骨料药剂涂刷情况、混凝土密实度及漏浆情况、构件养护升降温情况、构件拆模强度等，生产过程的控制是质量保证的关键。

构件拆模后，应进行质量检查和缺陷修复，主要包括：对于构件尺寸、钢筋和埋件位置等，严格按照《装配式混凝土结构技术规程》JGJ 1-2014和《混凝土结构工程施工质量验收规范》GB 50204-2015中关于预制构件质量验收的标准进行检查，对于局部的表面缺陷进行及时修补，完全合格后，及时编码存放，构件储存应有相应的保护措施。

预制构件生产时，一定要坚持按照质量管理制度和管理程序，这是质量保证的基本要求，必要时可由采购方或监理应实行驻厂监造。

3.2 预制构件运输注意事项

预制构件运输时，应有相应的保护措施，以防构件磕碰损坏而造成质量不合格，对于构件的码放、堆放，需要配备相应的存放架、运输架、配套支架、专用垫木等设施，部分构件应采取必要的成品保护措施，如楼梯、构件上的门窗、凸出悬挑物等。

装车运输过程中，应结合安装起吊顺序考虑装载顺序，避免现场多次倒运，并保证构件和支架与车架绑扎固定牢靠，运输前对道路进行探查，以防由于限高、限宽原因导致构件损坏，行驶过程中应尽量保持匀速，转弯掉头和路面颠簸时应该减速通过。

3.3 预制构件安装质量控制要点

构件进场后，应结合送货单和出厂报告对构件成品进行验收，对于不合格的构件应该坚决退场。

现场施工安装是保证装配式建筑质量的最后环节，应提前制定构件安装方案，包括专门的质量保证措施。在正式吊装前，应对操作工人进行培训和实操演练，以保证安装施工的顺利进行，对于与构件安装有关的前期准备工作，必须在构件到场前完成，如测量放线、基层清理、施工机械设备检查、专用工器具等的准备，特别是临时固定斜撑、定位角码、垂直顶撑、专用吊具等以及配套材料必须齐备，当与现浇相结合时，还应该有防漏浆措施和防污染的成品保护方案。

构件安装到位后，应及时进行临时加固，防止构件倾倒，吊装过程应防止对已经安装的构件发生碰撞。

编写人员：

负责人及统稿：

谷明旺：深圳市现代营造科技有限公司

杜阳阳：住房和城乡建设部住宅产业化促进中心

武洁青：住房和城乡建设部住宅产业化促进中心

Topic 28

专题28 装配式建筑人才培养

主要观点摘要

一、现状与问题

多年来，随着装配式建筑的发展，在试点示范项目的推进过程中，特别是由于行业内交流培训力度不断加大，形成了一批具备设计、生产、施工全产业链的人才队伍。但是总体来说，人才短缺是制约装配式建筑快速发展的最大瓶颈。主要表现在：

（1）尚未建立科学完善的教育培训体系：装配式建筑所需人才在高校培养中几近空白，目前对施工人员的培训内容也与装配式建造方式不匹配，缺乏针对性和前瞻性。

（2）人才队伍结构不合理，目前十分缺乏既懂技术和管理、又善经营的复合型人才，同时一线操作人员老龄化严重，高技能实用性人才严重短缺，传统建筑行业对新进年轻劳务人员缺乏吸引力，人才培养机制与行业发展需求不相适应，缺乏人才评价、激励、保障等配套政策措施。

（3）国内高等建筑院校转型缓慢，高等教育和职业教育的改革严重滞后于行业发展，迫切需要进一步进行培养方案、课程体系及实践环节的改革创新。

二、建议

（1）在本科、高职院校设立装配式建筑专业，配合引导本科与职业院校科学合理设置专业，培养装配式建筑初、中、高级技术、管理人才。

（2）组织全行业资源与力量编制装配式建筑相关教材，开展在线、数字课程和教材的开发、遴选、更新和评价机制，制订一套科学、系统、实用、紧贴产业生产实际的装配式建筑系列教材。

（3）建立装配式建筑实训基地，培养应用型人才的实际操作能力，搭建企业与企业、院校与企业和合作平台，采取“企校双制、工学一体”的培训模式，以产业或专业（群）为纽带，推动专业人才培养与岗位需求衔接，推动教育教学改革与产业转型升级衔接配套。

（4）发挥协会与联盟作用，整合资源，集中力量对现有技术工人加强培训，提升技术和管理人员整体能力和素质水平。

（5）利用互联网手段，编制在线教育教程，建立人才服务平台，加强区域联合、优势互补、资源共享，构建全国教育教学资源信息化网络。

（6）建立装配式建筑人才培养标准与职业技能鉴定体系，定期为部分技术人才、管理人才提供转型的学习和培训机会。

（7）建议联合发改委、科技部、财政部、住建部和教育部等部门，通过政府财政扶持、购买服务、协调指导、评估认证、政策优惠等方式，鼓励装配式建筑相关机构、单位或企业、院校等参与装配式建筑的人才培养。

1 现状及问题

多年来，随着装配式建筑的发展，在试点（示范）城市和试点示范项目的推进过程中，特别是由于行业内交流培训力度不断加大，形成了一批能够承担装配式建筑设计、施工、吊装等方面工作的人才队伍。但是总体来说，人才短缺是制约装配式建筑快速发展的最大瓶颈。

1.1 建筑业人才队伍不断壮大，但装配式建筑人才缺口巨大

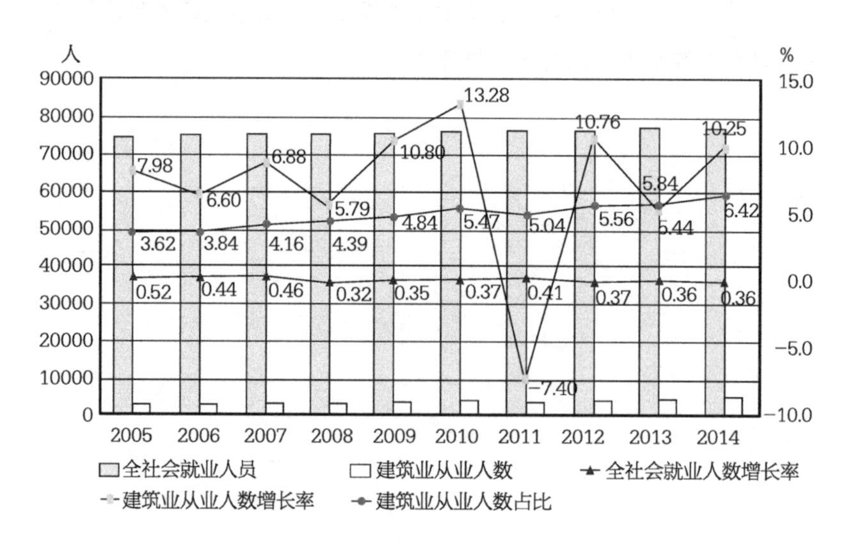

图28-1　2005～2014建筑业从业人数情况（万人）

2014年年底，建筑业从业人数4960.58万人，占全社会就业人员总数的6.42%，建筑业在推动地方经济发展、吸纳农村转移人口就业、推进新型城镇化建设和维护社会稳定等方面作用显著，但在新型产业壮大发展的同时，新型装配式建筑人才匮乏成了企业发展甚至整个产业发展的“短板”，据目前推算，我国新型现代建筑产业发展需求的专业技术人才紧缺近800万人。装配式建筑发展所需后备人才在高校培养中也几近空白。

生产一线的技术与管理人员，大部分仅具备高职以下学历，而大量从事建筑业的工人及农民工，基本上都是初中以下学历，建筑业从业人员很多没有受过培训，大多无职业资格；全国建设行业本科学历的管理人员比例就更低，与建立适应装配式建筑队伍组织结构和对构建大型企业集团的资质要求有较大的距离。因此，近几年来企业需要补充大量的高层次的管理人员、技术人员、施工人员和生产人员，以尽快提高企业的技术和管理水平。

1.2 教育培训力度加大，但尚未建立科学完善的装配化建筑教育培训体系

近年来，各省不断加大对从业人员的教育培训力度。但装配式建筑推广过程中，原有的技能岗位和专业要求发生很大变化，需要一大批由现场操作转为车间操作的技术工人，同时工地的施工方式和工序也产生了巨大变化，当前的培训计划及实施不到位，缺乏针对性，亟须建立针对装配式建筑发展的人才培养和教育体系。

1.3 建筑业人才队伍结构不合理，投入机制及配套政策措施不足

人才队伍结构不合理，目前十分缺乏既懂技术和管理、又善经营的复合型人才，同时一线操作人员老龄化严重，高技能实用性人才严重短缺，建筑行业对新进年轻劳务人员缺乏吸引力，人才培养机制与行业发展需求不相适应，缺乏人才评价、激励、保障等配套政策措施。

1.4 国内高等建筑院校转型缓慢，无法跟上装配式建筑发展的需求

我国高等教育和职业教育的改革严重滞后于装配式建筑的发展，需要进一步进行培养方案、课程体系及实践环节的改革，为装配式建筑的发展提供高层次人才。

1.5 装配式建筑人才培养资源匹配难

装配式建筑人才的培养需要对接行业全产业链的革新与发展，但因装配式建筑人才的培养长期受到师资队伍不足、优质课程不足、理实衔接不足、实训基础不足、就业渠道不足等问题的困扰，应整合全行业、全产业的资源，立体化、全方位进行人才培养与服务。

1.6 装配式建筑带来的新工种缺乏培养路径和教材

装配式建筑的新技术呼唤着建筑行业新工种的出现，在这样的形势下，装配式建筑的教育与职业教育一方面要对已有的教育模式进行加强，同时，又使能够适应装配式建筑行业发展的进步与变化。每一方面都要改革教育，以培养新一代的装配式建筑应用型人才。

2 装配式建筑人才需求分析

2.1 传统建筑行业对新进年轻劳务人员缺乏吸引力，亟须职业技能培养体系建设

装配式建筑带来了新型的人才需求，需对新进人行业的年轻劳务人员进行培训后上

岗，以适应装配式建筑变革的需要。实现建筑产业化后，农民工将转变为产业工人，将对年轻劳务人员产生较大的吸引力，但目前缺乏宣传，年轻人对此缺乏了解，同时缺乏相应的培训机构，导致其进入装配式建筑行业困难。需要借助产业转型的契机，利用传统的社会资源，建立与建筑产业发展相适应的职业技能培养体系，完成农民工向产业工人的转变，同时加速城镇化的进程。

2.2 传统农民工需向产业化工人转变，进行转岗培训，改善工作环境

装配式建筑带来了建筑全行业生产方式的变化，现场操作转为车间操作，手工操作转为现场安装，同时工地的施工方式和工序也产生了巨大变化，传统建造方式的农民工需适应这些变化，将其由粗放型提升为住宅产业化的产业工人、“蓝领”工人，改善其工作环境，是行业目前亟须解决的问题，另外产业化在人才集成度、能力匹配度等方面也需综合提升。

2.3 建筑产业结构升级，全产业链技术及管理人员素质需要提升

推进装配式建筑过程中，全行业技术与管理人才需求存在巨大缺口。产业结构升级对行业高端人才提出了新的要求。由于装配式建筑是对建筑全行业的革命，从研发、设计、项目管理、监理、造价、质检、安检、施工、材料全产业链的人员都需进行培训与升级。

2.4 本科、高职在校装配式建筑后备人才培养几近空白

我国高等教育和职业教育的改革严重滞后于装配式建筑的发展，后备人才培养严重不足，目前开设装配式建筑专业，培养相关高级后备人才的高校几乎为零，需大力发展在校后备高级人才培养，以满足建筑业现代化环境下专业人员培养的要求。

3 发展建议

3.1 在本科、高职院校设立装配式建筑专业，培养装配式建筑高级与初、中极技术、管理人才

新兴装配式建筑给建筑业带来了新的课题与挑战，传统人才培养模式已无法适应建筑业的转型与升级。目前我国高校在装配式建筑后备人才培养方面几近空白。建议在高校中开设装配式建筑相关专业，以服务发展为宗旨，以促进就业为导向，坚持走内涵式发展道

路，适应装配式建筑发展新常态和技术技能应用人才成长成才需要，完善产教融合、协同育人机制，创新人才培养模式，构建线上与线下相融合的教学标准体系，健全教学质量管理和保障制度，以增强学生就业创业能力为核心，加强思想道德、人文素养教育和技术技能培养，全面提高装配式建筑人才培养质量。

引导本科与职业院校科学合理设置专业。配合院校结合自身优势，科学准确定位，紧贴市场、紧贴产业、紧贴职业、紧贴装配式建筑发展大趋势，设置或改进相关专业（方向）。注重传统产业相关专业改革和建设，服务传统产业向高端化、低碳化、智能化发展。围绕“互联网+”行动、《中国制造2025》等要求，适应新技术、新模式、新业态发展实际，积极发展新兴产业相关专业。优化建筑产业发展的专业布局。利用大数据与云计算技术，建立专业人才需求与培养动态调整机制，及时发布专业设置预警信息。方便高效统筹管理相关专业培养计划与方式，围绕装配式建筑产业转型升级，努力形成与区域产业分布形态相适应的专业布局。

推动装配式建筑发展急需的示范专业建设。围绕装配式建筑和战略性新兴产业发展需要，积极推进装配式建筑相关专业建设。深化相关专业课程改革，突出专业特色，创新人才培养模式，强化师资队伍和实训基地建设，重点打造一批能够发挥引领辐射作用的示范专业点，带动装配式建筑教育水平整体提升。完善专业课程衔接体系。探讨、安排开展衔接专业的公共基础课、专业课和顶岗实习，研究制订衔接专业教学标准。注重在培养规格、课程设置、工学比例、教学内容、教学方式方法、教学资源配置上的衔接。合理确定各阶段课程内容的难度、深度、广度和能力要求，推进课程的综合化、模块化和项目化。同时开发专业衔接教材、慕课教材和教学资源。

3.2　组织全行业资源与力量，编制装配式建筑相关教材

行业的转型升级首先是人才的转型。面对装配式建筑装配式建筑的大力推广，以及巨大的市场需求，人才资源的不足却日渐突出，装配式建筑装配式建筑所需后备人才在高校培养中也仍是空白。装配式建筑全行业急需一支懂技术、会管理、善经营的职业化的高级人才队伍。然而，由于建筑类普通高等教育培养人才的过分专业化、学科化，现在社会上建设类高等职业教育又出现空档，中职教育层次偏低等原因，这样集专业、管理等知识为一体的应用型、复合型高级建筑人才变得紧俏起来。装配式建筑全行业迫切需要一套科学、系统、实用、紧贴产业生产实际的装配式建筑装配式建筑系列教材。

建议组织全行业资源与力量编制装配式建筑相关教材，开展在线、数字课程和教材的开发、遴选、更新和评价机制，装配式建筑并在实际教学中大力推广，配合装配式建筑立体化、标准化、应用型的人才培养。

3.3 建立装配式建筑实训基地，培养应用型人才的实际操作能力

装配式建筑切实加强以产学研合作教育为主体的教育培养模式，建立搭建企业与企业、院校与企业和合作平台，联合院校与企事业单位建立装配式建筑实训基地，推广装配式建筑教育体系，其中包括人才培养基地和人才实训基地。作为定位于培养装配式建筑急需应用型人才的高等学校，目标应该是培养社会和产业需要的实用人才，而企业应该与高校合作，融合资源和技术服务人才培养，促进产业发展。因此，建立装配式建筑实训基地，服务线上与线下教学，充分整合高校与企业教育实训资源，是新型教育模式和机制，能够使装配式建筑教育建设更具特色，人才培养更具体验性。

建立装配式建筑实训基地，培养应用型人才的实际操作能力，搭建企业与企业、院校与企业和合作平台，采取“企校双制、工学一体”的培训模式，以产业或专业（群）为纽带，推动专业人才培养与岗位需求衔接，推动教育教学改革与产业转型升级衔接配套。

3.4 深化校企协同育人，大力推广高校与龙头企业联合办学、“校中校”的新型人才培养模式，建立教育与就业一条龙的培养体系

建议深化校企协同育人。创新校企合作育人的途径与方式，充分发挥企业的重要实践主体作用。校企共建校内外生产性实训基地、技术服务和产品开发中心、教育实践平台等。以产业或专业（群）为纽带，推动专业人才培养与岗位需求衔接，人才培养链和产业链相融合。促进校企联合招生、联合培养、一体化育人的现代学徒制培养方式。完善装配式建筑教育指导体系，创新机制，提升行业指导能力，定期发布装配式建筑行业人才需求预测、制订行业人才评价标准。积极吸收行业专家进入学术委员会和专业建设指导机构，在专业设置评议、人才培养方案制订、专业建设、教师队伍建设、质量评价等方面建立行业指导。

建议坚持产教融合、校企合作。推动教育教学改革与产业转型升级衔接配套，加强基于大数据分析的行业指导、评价和服务，发挥企业实训服务于应用指导作用，推进行业企业参与人才培养全过程，实现校企协同育人。坚持工学结合、知行合一。注重教育与生产劳动、社会实践相结合，突出做中学、做中教，强化教育教学实践性和职业性，促进学以致用、用以促学、学用相长。

3.5 发挥协会与联盟作用，整合资源，集中力量对现有技术工人加强培训

通过调研分析，从事建筑制造行业的农民工人数占全部农民工人数的56.4%，新生

代农民工从事制造建筑业的人数占全体新生代农民工总数的54.2%。建筑行业农民工的培训最关键的是岗前安全培训和职业技能培训，也就是职业准入资格培训。通过建立高效实用、成本低廉的技术培训模式，使有劳动能力的贫困农民工转变成为建筑产业工人，解决这部分群体进城以后生产生活等一系列问题，提高产业工人技术水平，提升就业能力，是真正实现人的城镇化的重要途径，也是建设行业为国家新型城镇化发展所做贡献的重要体现。

建设行业是国民经济的支柱产业，当前正是建设行业转方式、调结构、促升级的发展机遇期，装配式建筑装配式建筑是建设新型城镇化的战略选择，是建筑业可持续发展的根本途径。产业的升级需要大量装配式建筑装配式建筑技术应用型、高素质技术技能人才和现代化产业化工人。

建议发挥协会与联盟作用，整合资源，集中力量对现有技术工人加强培训，加强装配式建筑装配式建筑人才的培训，调动装配式建筑装配式建筑企业和建筑工人的积极性，大力提升建筑产业工人队伍的整体素质和水平。

3.6 利用互联网手段，编制在线教育教程，建立人才服务平台

建议积极稳妥推进人才培养衔接。建议建立人才培养综合服务与就业对接平台，结合装配式建筑发展相关企业需求与资源，形成适应发展需求、产教深度融合，校企优势互补、衔接贯通的培养体系。适应行业产业特征和人才需求，研究行业企业技术等级、产业价值链特点和技术技能人才培养规律，科学确定适合衔接培养的专业，重点设置复合性教学内容多的专业。

用互联网理念打造全建筑产业链的人才服务，结合高校传统教学、线上慕课平台、线下实训基地联合体，线上线下相结合、理论实践相结合、立体化、全方位地培养新型装配式建筑人才。通过互联网技术为高校提供企业一线课程资源，在线实训服务，学生大数据分析，实现基于就业和职业应用的随时随地的技能提升，为高校提供学生学习行为监测、学习结果回馈和学习行为数据分析，协助高校教师快捷高效的教学，全力助推高校在线教育生态环境的持续健康发展。同时，完全与装配式建筑企业合作，并配备专门就业服务部门，帮助学院高端人才解决实际的实习就业和职业发展问题。串联起专业人才精细化培养培训和高端人才输送，提供装配式建筑高端人才由学校到企业的一站式人才培养解决方案，为装配式建筑高级人才解决就业，结合大数据分析，为其行业内上千家相关企业机构定向匹配、输送人才，满足装配式建筑的人才需求。

3.7 加强区域联合、优势互补、资源共享，构建全国教育教学资源信息化网络

组织开发一批优质的专业教学资源库、网络课程、生产实际教学案例等。只有把在线教育与传统教学协调地融合到一起，充分整合全行业教育、技术资源，才能是最大限度提高和促进装配式建筑教育，确保我国装配式建筑与人才培养事业的可持续性发展。

3.8 建立装配式建筑职业鉴定与人才培养标准

建议制定建立装配式建筑人才培养标准与职业技能鉴定体系，建立装配式建筑的定期学习培训制度，定期为部分技术人才、管理人才提供转型的学习和培训机会，聘请装配式建筑行业领军人才、知名专家、大学教授定期进行相关技术和管理培训。培训后，通过考试对合格人员颁发相应资格证书，取得资格证书后方可从事装配式建筑的技术和管理工作。使高等教育、继续教育与职业化教育协调发展，重点加大职业化教育的扶持力度，保证装配式建筑人才形成后备梯队。对于装配式建筑的推进与发展具有极大意义。

推进专业教学紧贴技术进步和生产实际。对接最新职业标准、行业标准和岗位规范，紧贴岗位实际工作过程，调整课程结构，更新课程内容，深化多种模式的课程改革。加强与职业技能鉴定机构、行业企业的合作，积极推行“双证书”制度，把职业岗位所需要的知识、技能和职业素养融入相关专业教学中，将相关课程考试考核与职业技能鉴定合并进行。普及推广项目教学、案例教学、情景教学、工作过程导向教学，广泛运用启发式、探究式、讨论式、参与式教学，充分激发学生的学习兴趣和积极性。

同时拓宽技术技能应用人才终身学习通道。建立学分积累与转换制度，推进学习成果互认，促进工作实践、在职培训和技能证书互通互转。支持职业院校毕业生在职接受继续教育，根据职业发展需要，自主选择课程，自主安排学习进度。完善人才培养方案，实施“学分制、菜单式、模块化、开放型”教学。

3.9 建议发改委、科技部、财政部、住建部和教育部等部门在财政上予以相关扶持

装配式建筑人才培养是全社会的一项庞大系统工程，需要集中全行业、全社会的力量，调动巨大的社会资源与人力物力。为了充分发挥市场在资源配置中的决定性作用和更好地发挥政府作用，逐步使社会力量成为发展装配式建筑人才培养的主体，鼓励相关单位、企业、院校、科研院所等参与装配式建筑人才培养，建议国家联合相关领导部门通过

政府财政扶持、购买服务、协调指导、评估认证、政策优惠等方式，鼓励装配式建筑相关机构、单位或企业、院校等参与装配式建筑的人才培养。并完善投入机制。健全以政府参与投入、受教育者合理分担培养成本、培养单位多渠道筹集经费的人才培养投入机制。培养单位按国家有关规定加大人才培养经费投入的力度，统筹财政投入、科研经费、学费收入、社会捐助等各种资源，确保对装配式建筑人才培养的投入。

编写人员：

负责人及统稿：

张　波：山东万斯达建筑科技股份有限公司

杜阳阳：住房和城乡建设部住宅产业化促进中心

武洁青：住房和城乡建设部住宅产业化促进中心

Topic 29

专题29 装配式建筑企业发展模式

主要观点摘要

随着各级政府部门对装配式建筑发展的高度重视和行业的持续关注，包括万科集团、远大住工、北京住总、中建集团等大型企业相继投入到装配式建筑的研发和建设中，为推动装配式建筑的发展发挥了重要作用。

一、发展现状和问题

目前，我国装配式建筑处于发展初期，企业专用的技术体系与管理体系尚未成熟，发展模式都在探索阶段。

（1）以房地产开发企业为龙头的资源整合模式，典型代表是万科集团。此种模式的企业数量不多，主要原因有：房地产开发企业看重整体成本，追求项目利益最大化，忽视装配式建筑全生命期效益；不擅长装配式建筑技术、施工工艺等方面的研发和创新；对于设计、生产、施工的现场把控能力较弱等。

（2）以施工总承包为龙头的发展模式，典型代表是宇辉集团、中南建设集团。此种模式的企业数量相对较多，但具有“强技术、弱载体”的特点，对市场的把控较弱；对产业链各环节相互配合的要求较高，一旦协调不到位，很容易造成不配套、不经济等问题。

（3）工程总承包（EPC）全产业链模式，包括大型产业集团和企业联合体。典型代表是中建国际、宝业集团和北京住总。目前，从企业内部来讲，与工程总承包相适应的组织机构和管理架构还未建立，另一方面缺乏复合型管理人才，相应的项目管理体系有待完善。从外部环境来讲，我国建筑业实行设计和施工分开招投标，不能很好地发挥工程总承包模式的优势，使EPC模式下的装配式建筑推进难以成为一个完整的系统工程。

（4）由设计、施工或构件生产企业发展成的集成企业，典型代表是上海现代集团和远大住工。此种模式对企业的综合能力、专业能力和行业资源整合能力要求都很高，发展中遇到很多困难。

（5）其他装配式建筑专业化企业

1）设计类企业，以北京市建筑设计研究院、深圳华阳集团为代表。但目前大多数设计类企业的装配式建筑设计能力偏弱，对全产业链集成技术把控能力不足，将装配式建筑设计简单理解为对原有设计的“二次拆分”。

2）PC构件类企业，以北京榆树庄构件厂、中建海龙为代表。但目前此类企业存在自动化、信息化程度不高；市场需求不足，部分地区出现供给过剩；构件的开发生产与设计、施工环节沟通不畅；规模化生产不足，导致成本居高不下等诸多问题。

3）建材部品类企业，如苏州科逸。此类企业处在产业链的下游，因建筑设计模数和建材部品模数不相匹配，使得部品的生产无法真正实现标准化、模数化和系列化。此外，建材部品集成和配套能力较弱，未建立完善的通用部品体系。

4）机械制造与运输类企业，如河北新大地、三一重工等。目前存在构件运输、吊装、安装等工装设备研制水平不高；构件运输车、简易爬架、临时支撑等设备与工业化建造理念的匹配性不够等问题。

二、发展思路与对策

在装配式建筑发展初期，社会化程度较低，专业化分工尚未形成，应提倡工程总承包（EPC）模式，建立研发设计—构件生产—施工装配—运营管理等环节一体化的现代企业发展模式。随着装配式建筑的不断发展，参照国际发展经验，将形成社会化大生产和专业化分工，促进企业向集团化或专业化方向发展。

（1）积极推进工程总承包（EPC），发挥装配式建造方式的综合优势。

（2）培育龙头企业，逐步形成大型产业集团和专业化公司共同发展的局面。

（3）注重技术创新，掌握关键技术与工法体系，加强设计、生产、施工以及部品部件的系统集成能力。

（4）注重管理创新，建立与装配式建筑相匹配的现代企业管理制度。

（5）构建产学研用为一体的产业发展联盟，发挥全产业链的集成整合作用。

（6）加快BIM技术应用，促进信息化与装配式建筑设计、生产、运输、装配、运维等全生命周期的深度融合。

（7）重视企业人才培养，打造具有竞争力的产业队伍。

1 企业发展模式现状

当前，我国装配式建筑处于发展的初期，装配式建筑企业的技术体系与管理体系尚未成熟，企业的发展模式都在探索阶段，基于企业情况不同，其发展模式有以下多种：

1.1 以房地产开发企业为龙头的资源整合模式

为了更好地控制建筑质量，缩短建筑建造周期，提高资金周转率，部分房地产开发企业选择装配方式开发建设项目，主动开展装配式建筑的技术研发工作，制定相应的技术规程、标准，应用于自身开发的项目上，根据这些技术规程、标准的要求，寻找规划设计、预制构件生产、运输及安装、施工建设等具有相应资质或能力的企业，建立畅通有效的供应链体系。房地产开发企业通过其自身资金优势和项目开发的带动能力，在发展初期一定程度上推动了装配式建筑的发展。这种发展模式的典型代表是万科集团。

尽管很多开发企业也认同装配式建筑是未来的发展的方向，但落实到具体项目建设上时，还是雷声大、雨点小。主要表现为：跟随性观望多、深入性研发少，参观式关注多、实质性投资少，小范围试点多、大面积建设少。目前，随着国家和各地方政府在推进装配式建筑方面的政策支持力度不断加大，这一局面已有所改观，一些大型房企积极响应，如万科集团、绿地集团和北京金隅等。

1.2 以施工总承包为龙头的发展模式

此类企业承担装配式建筑的施工总承包角色，拥有比较成熟的装配式建筑施工技术和施工工艺，培育了专业的施工技术团队，施工技术优势显著。企业履行施工总承包管理责任，装配式建筑的设计工作由建设单位通过招标方式确定设计单位，预制构件制作、运输等专业工程由施工总承包单位分包给具有相应资质或能力的企业。这种发展模式的典型代表是宇辉集团、中南建设集团。

在这种模式下，装配式建筑建造的全过程中，需要施工总承包企业以一定的时间、人力、物力成本为代价，去协调产业链上相关方的配合协作事务，以达到各类资源的有效整合。

1.3 工程总承包（EPC）全产业链发展模式

近年来，国内一些建筑行业龙头企业启动装配式建筑的探索和创新，特别是具有较强的设计、融资、建造一体化的经营运作能力，其业务范围全面而专业，且具备承接装配式建筑产业链上除开发以外所有环节工作任务的能力的大型企业，通过自身综合实力，以工程总承包（EPC）模式承接装配式建筑项目，提供项目规划设计、项目管理、工程施工、专项技术研发等全方位工程服务。近年来，形成两种工程总承包模式：一是大型产业集团，可实现内部全产业链整合；二是以联合体形式整合外部行业资源。以中建国际、宝业集团和北京住总为典型代表。

目前，工程总承包是国际通行的工程建设项目组织实施方式。我国EPC模式主要应用在化工、石化、水利等领域，在房屋建筑领域应用较少。2013年，由中建国际投资（合肥）有限公司承建的合肥市蜀山产业园公租房四期项目是目前国内首个应用EPC模式的装配式建筑项目。

1.4 由设计、施工或构件生产企业发展成的集成企业

近年来，涌现了一些由设计、施工企业或预制构件生产企业发展起来的集成型企业，依托最初的设计、施工安装或预制构配件生产优势，不断加大研发、生产和经营力度，向上、下游的标准化设计、现场装配安装甚至建筑产品的销售方面延伸，逐步实现涵盖科研、设计、生产、施工、装修等全产业链企业。这种发展模式典型代表是上海现代集团和远大住工。

目前这类企业数量不多（全覆盖的更少），主要原因是对企业的综合能力和专业能力要求都很高。这种类型企业在提升品质、降低成本、缩短工期、优化环境等方面具有单一产业企业不可比拟的优势。

1.5 其他装配式建筑专业化相关企业

1.5.1 设计类企业

在装配式建筑领域，设计企业处于产业链的前端，设计体系决定着产品是否便于工厂加工、现场装配，对推动装配式建筑健康、可持续发展起着十分重要的作用。随着装配式建筑市场的兴起，传统大型设计企业和大型建筑施工企业已在积极向装配式建筑业务转型，此类型企业主要以战略联盟的形式，通过对设计的标准化研究，引导装配式技术在产业链上的延伸、实施。典型代表是北京建筑设计研究院和深圳华阳集团。

1.5.2 PC构件类企业

PC构件类企业为装配式建筑项目提供构件产品，担负生产加工任务。据统计，目前全国共建成100余家构件厂、200多条生产线，设计年产能2000多万m^3。这些PC工厂主要分布在山东、辽宁、湖南、河北、安徽、江苏、浙江等地。山东省为目前我国PC工厂分布最多的省份，其次为以北京为中心的京津冀地区，以及以沈阳、大连、长春为中心的东北工业区，这些区域也是我国装配式建筑发展较快的地区，装配式建筑备受关注和重

视，更是国有大中型企业、大型房产建设集团性企业的所在地。目前，各地构件厂的投资模式、生产规模和生产线布局不尽相同，发展水平和生存状况也差异较大。典型代表是北京榆树庄构件厂、中建海龙。

1.5.3 建材部品类企业

装配式建筑领域常见的部品（件）种类主要分为四类：一是外围护部品（件），主要包括外墙围护、屋面、门、窗等；二是内装部品（件），主要包括隔墙、内门、装饰部件、户内楼梯、壁柜、卫生间、厨房、换气风道、配管系统等；三是设备部品（件）类，主要包括暖通与空调系统、给水排水系统、燃气设备系统、电气与照明系统、消防系统、电梯系统、智能系统、新能源系统等；四是小区配套部品（件），包括室内设施、停车设备、园林系统和垃圾贮置等。除少数可在PC构件厂生产外，大部分部品（件），都分属不同的生产企业，有的甚至还分属不同的管理行业。在部品类企业里，整体卫浴和厨房近几年逐渐受到市场青睐，取得了一定的发展。典型代表是苏州科逸。

1.5.4 机械制造与运输类企业

在装配式建筑领域，工业化设备所起的作用十分关键。PC生产线、PC专用搅拌站、汽车起重机、重型塔吊、重型叉车等工业化设备，都在工业化生产与装配建造中占据极为重要的地位。目前，国内外工业化设备生产厂家较多，国内典型代表是河北新大地、三一重工。

2 存在的问题和瓶颈

装配式建筑企业根据各自优势，经过多年尝试，探索出不同的发展模式，在装配式建筑推进中具有一定优势，但是在企业具体运行中不可避免地存在一些问题。

2.1 市场主体方面存在的问题

2.1.1 房地产开发企业

首先，我国房地产开发企业以项目公司来运作，仅仅只是资金的运作者，企业追求利益最大化，不利于装配式建筑的推进，无法实现生产方式的彻底变革。其次，房地产开发企业创新发展水平不高，而开展装配式建筑前期研发需要进行标准化体系设计、预制构件的试验，这并不是房地产企业所擅长的内容。第三，房地产企业对于设计、生产、施工的现场把控也比较弱，不能很好整合建设的全过程。

2.1.2 施工总承包企业

首先，此类企业在管理中具有“强技术、弱载体”的特点，过于重视预制装配式建筑结构、施工安装等技术的发展，而对于市场的开拓则比较依赖于开发单位或者政府协调，自身对市场的把控较弱，往往存在“有技术、无项目”的尴尬。其次，在装配式建筑发展中，对标准化设计与产业链各环节相互配合的要求较高，施工单位与设计单位、构件生产和运输企业沟通协调不明确，不到位，很容易造成设计产品在生产、运输、安装过程中不配套、不经济、不适用等问题。

2.1.3 工程总承包（EPC）企业

工程总承包是国际通行的建设项目组织实施方式，推进工程总承包是建造组织管理模式的重大变革，是加快转变经济发展方式下呈现的新常态、新趋势、新动力，对推进装配式建筑可持续发展具有重要意义。目前，从企业内部来讲，部分企业沿用施工总承包的组织模式，与工程总承包相适应的组织机构和管理架构还未建立。此外，缺乏复合型管理人才，高效的项目管理体系也有待完善。从外部环境来讲，我国建筑业实行设计和施工分开招投标管理机制，其流程不利于实施工程总承包模式，不能很好地发挥工程总承包模式的优势，使EPC模式下的装配式建筑项目运作难以成为一个完整的系统工程。

2.1.4 集成化企业

此种模式由一家企业承接装配式建筑产业链上所有环节的工作，对企业的综合能力和专业能力要求都很高，规模化发展难度较大。第一，集成化企业与各企业间如缺少沟通，容易与行业主流技术脱节。第二，因产业、管理模式的不成熟，或自身管理体制的不健全，有时会存在与配套企业难以衔接的问题。第三，集成化企业需要建立配套预制工厂，而对于预制构件企业，如果没有大规模的市场需求，只为一家企业或者一个项目生产构件，无法实现规模效应。

2.1.5 专业化企业

设计类企业：在我国，“建筑设计”属于独立的行业，因此设计时无须考虑生产、施工的工艺等流程，而生产、施工对设计阶段的影响也有限。而在装配式建筑中，由于对标准化设计与产业链各环节相互配合的要求较高，设计单位开始注重与工厂、工地的联系，但是在管理模式上很多企业仍然没有改变，设计环节前置，但是生产、运输、施工环节的反馈不明确、不到位，很容易造成设计产品在生产、运输、建造、安装过程中不配套、不经济、不适用等问题。如装配式结构设计均按现浇建造方式进行结构计算分析，对现浇结构体系设计完成后再进行“二次拆分”，设计意图难以协同统一，浪费设计资源。

PC构件类企业：目前，PC生产线整体自动化、信息化程度不高。生产过程中，有些工艺环节难以实现机械化，而部分实现机械化操作的设备（如钢筋加工设备）又难以实现自动化的生产线作业；钢筋生产线与PC生产线不能实现系统联动接驳，PC整体生产线自动化的系列设备研发需要进一步发展。由于预制构件重量较大，不可能像工业化小零件一样进行远距离的运输，市场需求不足，部分地区出现供给过剩；对于预制构件企业，如果没有大规模的市场需求，无法实现规模效应，会导致成本居高不下。

建材部品类企业：此类企业处在产业链的下游，因建筑模数和产品模数不相匹配，设计标准化程度不高，使得部品生产无法实现标准化、模数化、系列化，不能储备产品。此外，建材部品集成和配套能力弱，未建立完善的通用部品体系。

设备类、机械制造与运输类企业：配套PC构件运输、吊装、安装的工装设备研制水平不高。目前，整个装配式建筑全产业链上的工装设备还是处于传统方式上的衍生创新，而不是系统化的变革创新，构件运输车、简易爬架、临时支撑等设备工装在各个环节的衔接应用上，与工业化建造理念的匹配性不够，难以发挥出装配式建筑的整体效益，有待进一步专注研发。

2.2 技术与管理的问题

2.2.1 企业的建筑技术体系不完善

目前，我国装配式结构技术体系正在探索过程中，已纳入国家标准规范的、被公认的、安全可靠的技术体系还没有形成社会化、易规模推广的影响力。一些企业自主研发技术体系种类多种多样，尤其是灌浆连接及其检测等关键技术的应用还不够成熟，科技支撑能力不够。同时结构体系、设计技术、构配件生产和质量控制技术、装配技术、机电系统安装等技术体系还需完善。

2.2.2 企业标准化、模数化程度不高

当前装配式建筑的标准体系不够完善，建筑产品、结构构件、厨房、卫浴、门窗、内装、零配件等很多都缺乏系统的尺寸规定和协调标准，系统性、标准化、系列化、通用化的工程结构体系以及与之匹配的成套技术体系没有形成。工业化结构模数体系过于简略，模数协调在基础理论、原则规范、应用方法、协调原理等方面均不完善，未突出“协调”的含义，缺少对材料、设备、制品、功能空间、建筑部件之间尺寸的协调。

2.2.3 产业链上相关企业尚未成熟

目前，国内的装配式建筑产业市场尚处于初期阶段，未形成足够大的市场规模。因此，上下游配套产业还远不成熟，满足装配式建筑需求的产品、部品的生产厂家还比较少，可供选择的产品范围有限。产业链上设计、PC深化、构件制作、配套材料生产、施工企业等资源跟不上市场扩容的步伐，机电、装饰装修部品及配件同样没有形成模块化、通用化、协同化的设计标准、生产标准和安装标准，产业链上的相关企业各自发展，工业化设计、生产、装配还没有集成一体化发展，产业链需要不断完善。

2.2.4 相关企业先期成本居高不下

目前，由于企业还没有完全掌握相关技术，没有专业队伍和熟练工人，没有建立现代化企业管理模式，生产效率不高；新型建筑结构体系仍然处于摸索阶段，部件标准化和通用化程度低，未实现规模化生产；再加上预制构配件因生产、施工、构造要求而增加了钢材用量以及构件蒸养、运输、吊装等环节增加了费用；此外，前期大量的研究开发、流水线建设等资金投入，这些因素造成了目前装配式建筑相关企业的生产、建造成本相比现浇建造成本偏高。

2.2.5 企业传统管理运行机制束缚

装配式建筑建造方式是生产方式的变革，是传统生产方式向现代工业化生产方式的转变。而多年来我国建筑业以现场施工方式为主流，绝大多数建筑企业已经习惯于现场施工，不论从施工技术还是施工管理，装配式施工对建筑企业来说都是新的课题，传统的企业运行管理模式根深蒂固，各自为战，“以包代管，层层分包”的管理模式严重束缚了装配式建筑的发展。

2.2.6 企业专业人才队伍严重不足

人才是装配式建筑快速发展的基础支撑要素，预制装配式施工需要有专业的设计、构件、施工等行业的技术管理人员和运输设备以及配套的安装机械，需要相关企业从方案设计、项目开发、到构件制作、运输、现场测量、吊装、连接等各道工序均具有较高的技术力量和管理水平。目前，从设计、开发、生产、运输、施工、安装到维护，相关企业都存在人才能力不足的突出问题。主要原因是企业对相关技术人才的培养力度不够，或存在“重管理人员，轻技术工人”的培养，造成有素质、有技能、懂装配技术的建造工人短缺。

3 发展思路与对策

3.1 发展思路

装配式建筑带来建筑业生产方式的重大变革，它的发展是全产业链、全寿命周期、全系统的概念。根据装配式建筑不同的发展阶段，企业发展模式有不同的侧重点。在装配式建筑发展初期，社会化程度较低，专业化分工未形成，应提倡工程总承包（EPC）模式，通过技术创新掌握成熟适用的技术与工法体系，通过管理创新提升企业现代化的经营管理水平，建立研发—设计—构件生产—施工装配—运营管理等环节一体化的现代企业发展模式。参照国际发展经验，随着装配式建筑的快速发展，社会化大生产和专业化分工将形成，促进企业向集团化、专业化快速发展。

3.2 主要措施

3.2.1 积极推进工程总承包（EPC）

推进设计标准化、生产工厂化、施工装配化、装修一体化、管理信息化的工程总承包（EPC）发展模式，充分发挥装配式建造方式的综合优势。充分发挥各主体的优势和作用，鼓励各类龙头企业整合产业链，形成强强联合的优势。

3.2.2 培育市场化的专业公司

装配式建筑涉及众多专业和相关主体，需要专业精细、多方协同的发展，需要行业培育一批具备设计、生产、施工能力的企业作为龙头企业，在设计环节上实现建筑产品、部品部件的模数协调，形成部品部件、厨卫、门窗、零配件等一体化集成发展，共同推进装配式建筑的发展。

3.2.3 注重技术集成创新

装配式建筑企业的技术创新不仅仅是单一技术创新，重点是房屋建造技术的集成创新，技术集成包括设计、生产、施工全过程。设计单位要研究标准化、一体化、信息化的建筑设计方法，进一步加强设计创新能力和引领作用；预制构件部品企业要掌握与技术体系相适应的预制构件生产工艺，要向专业化、集成化生产方向发展；施工建设单位要建立一整套成熟适用的技术体系，掌握装配式建筑施工工法；相关企业应提高管理水平，掌握切实可行的检验、检测质量保障措施，确保装配式建筑部品生产、运输、安装各环节关键节点的质量。

3.2.4 注重管理创新

装配式建筑带来生产方式的变革，要求项目开发、勘察设计、施工建设、部件生产、项目监理等单位创新管理方式，根据装配式建筑的特点，建立与装配式建筑相匹配的现代企业管理制度，提升基于不同施工主体、不同施工环节中的项目组织管理能力，加强质量监管等方面的机制创新。

3.2.5 构建产业发展联盟

装配式建筑需要全产链企业的密切配合和共同努力，需要全社会全行业的共同推动。在研发和实施过程中，需要各参与方、各专业的交流、学习、探讨、协作。要通过构建产业联盟，实现资源的有效集聚。要以实现龙头产业、核心产业、关联产业和支撑产业的集聚为方向，聚集市场各方主体。要通过构建产业联盟，实现平台的有效支撑。要以产业集聚为基础，打造融合技术、市场、政策、金融的集成平台。

3.2.6 加快BIM技术应用

要注重信息化与装配式建筑的深度融合，推进BIM技术贯穿装配式建筑设计、生产、运输、装配、运维等全生命周期，实现设计、加工、建造、运维的信息交互和共享，通过BIM技术、无线射频、物联网等信息技术完善工程管理系统，提高工程质量和管理水平。

3.2.7 重视人才培养

装配式建筑的发展归根结底要靠人才来推动。企业要从全产业链的角度出发，积极引进并大力培养装配式建筑的设计师、建筑师、工程师、生产技术和管理人员，不断提升从业人员的技能水平。高度重视产业工人队伍的培养，改善工人的工作环境，加大对工人的培训，促进传统农民工向产业工人的转变，打造具有竞争力的产业队伍。

参考文献：

[1] 叶明. 新型建筑工业化：建筑业转型发展的大机遇[N]. 中国建设报. 2014-1-24（5）.

[2] 谢其盛. 我国建筑产业现代化进程中存在的问题与对策[J]. 建筑机械化，2014（12）.

[3] 叶明.《工业化建筑评价标准》编制介绍新型建筑工业化技术与管理创新. 在2015年5月“住宅产业现代化和绿色生态城区规划建设技术交流会”上的讲话。

编写人员：

负责人及统稿：
刘洪娥：住房和城乡建设部住宅产业化促进中心

参加人员：
叶　明：住房和城乡建设部住宅产业化促进中心（原副总工程师）
叶浩文：中建科技集团有限公司
张明祥：中建科技集团有限公司
江国胜：中建科技集团有限公司
周　冲：中建科技集团有限公司
康　庄：天津住宅集团
张文龄：天津住宅集团
张书航：天津住宅集团
李迎迎：天津住宅集团
周炳高：江苏南通三建集团有限公司
顾洪才：江苏南通三建集团有限公司

魏　勇：江苏南通三建集团有限公司
陆海天：江苏南通三建集团有限公司
矫贵峰：江苏南通三建集团有限公司
杨健康：北京住总集团
朱晓锋：北京住总集团
钱嘉宏：北京住总集团

专题30 装配式混凝土建筑建安成本增量分析

Topic 30

主要观点摘要

（1）抗震设防等级6~8度、预制率30%以上的装配式混凝土建筑，比传统现浇方式的建安成本增加约为200~500元/m²。部分增量成本较大的项目多为规模较小的实验性工程，部分预制率较低的项目增量成本约为150元/m²左右。

（2）装配式混凝土建筑与现浇方式相比，建安成本有增有减。减少部分主要包括钢筋工程、混凝土工程、砌筑工程、抹灰工程的支出以及措施费等，增加部分主要包括预制构件生产、运输、吊装费用、墙板和楼板拼缝处理费等。

（3）当前装配式混凝土建筑增量成本较高的原因在于规模化优势尚未充分发挥，导致增项部分超出合理范围，减项部分减少不明显。具体包括预制构件价格过高、标准化程度低、设计生产施工环节脱节、管理经验不足、产业工人缺乏等。

以预制夹芯保温外墙板为例，如预制构件厂专门为一栋楼生产构件，出厂价格约3500元/m³，而如能为较大规模的项目供应标准化程度较高的构件，其出厂价格可降低到2400~2700元/m³之间。以某预制率45%左右的项目为例，该项措施可将建安部分的增量成本由500元/m²降低到200元/m²。

另外，目前国内尚未形成成熟的装配式建筑劳务分包市场，产业工人严重缺乏，导致施工现场的劳动生产率提高不明显。

（4）必须同步实施主体结构装配化和内装产业化才能充分发挥装配式建造方式的综合优势。

（5）由于装配式高效施工的优势尚未充分发挥出来，两种建造方式的主体结构施工工期差别不大。但如能同步实施全装修，装配式混凝土建筑整体工期可至少缩短3个月以上（万科经验）。

（6）当前我国建筑工程的建安成本中，人工费占比约为25%~30%，发达国家的人工费占比一般在40%~50%，据初步测算，当人工费占建安成本比例增加到40%~50%时，两种建造方式的建安成本将基本持平，可有效促进相关行业主体主动采取装配式建造方式。

（7）根据北京某项目测算（该项目预制率为66%），装配式混凝土建筑可节省33%的现场用工量，其中钢筋工减少53%，混凝土工减少33%，模板工减少50%。如能实现大规模流水施工，人工费可进一步降低。

（8）除建安部分外，装配式建筑的设计费、造价咨询费、工程监理费也有所增加。

（9）通过对北京市某项目的测算，构件的预制做法和现浇做法的造价差别如下：预制外墙较现浇方式每建筑平方米增加69元，预制内墙增加104元，楼梯增加17元，楼板降低13元。

（10）建筑体型越复杂，预制构件种类越多，成本越高。必须以工业化和标准化的思维进行装配式建筑系统设计才能提高构件的标准化程度进而降低成本，要彻底消除“拆分”做法。

（11）部分项目重技术创新，轻管理创新，施工环节出现人员窝工、工序矛盾等现象，无法有效提高效率、降低人工费。

（12）目前国内大部分建筑的设计、生产与施工各环节脱节现象严重，不能从项目整体效益最大化出发，造成装配式建造方式的优势不能充分发挥，甚至引发成本增加、工期延长等问题。根本原因在于没有推行设计、生产、施工一体化的工程总承包模式，传统的生产方式和建设模式亟需创新突破。

（13）有效降低增量成本的措施包括实现预制构件规模化生产、加大政策扶持力度、推广工程总承包模式、推行住宅全装修、建立产业工人队伍、逐步减少人工费用等。

（14）容积率奖励只有在房价较高的地区才能起到鼓励作用。以北京市某10万m^2左右的住宅项目为例，当房屋售价大于1.8万元/m^2时，给予3%容积率奖励的政策可弥补其300元/m^2的建安部分增量成本。

说明：相关企业在面积奖励政策中有所获益，但实施过程中行政成本过高，且有突破规划容积率的嫌疑，而预制外墙不计入建筑面积的政策在部分方面与现行房屋测绘规定之间存在一定矛盾。建议探索缓交或减免部分土地出让金、即征即退墙改资金等简便易行的奖励方式。

（15）提前预售政策作用明显。以深圳市某10万m^2左右的住宅项目为例，如将预售政策从“完成地面以上三分之二层数后预售”变为“完成地面以上三分之一层数即可提前办理房屋预售”，当房屋售价大于2.2万元/m^2时可弥补其300元/m^2的建安部分增量成本。

本部分研究以实际工程项目的成本构成为切入点，对比装配式建造方式与传统现浇建造方式的建造成本差异，分析引发成本差异的原因并找出其影响因素，提出降低增量成本的技术路径并对部分措施的实施效果进行估算。①

1 总体分析思路

当前，对于装配式建造方式的增量成本，可以分为两类，一是建造方式的改变必然带来的成本差异，二是通过技术革新、管理改进和政策调整可以避免的增量部分。本专题通过研究这些增量成本的组成，为合理降低增量成本提出政策建议。

一个建设工程项目的总成本包含内容非常广泛。装配式建造方式与传统现浇建造方式的差异主要在于现场施工环节，因此其成本方面的差异主要体现在建筑安装工程费方面，为避免干扰因素影响研究结果，突出问题所在，本部分内容只针对两种类型工程项目的建筑安装工程费进行研究（不含采暖工程、给排水工程、电气工程等差异不大的分部工程）。

2 增量成本统计分析

本专题收集了12对结构形式相同、建筑高度相近、施工时间相近、建造方式不同的装配式混凝土项目与现浇项目。选取的调研项目具有五个特点：一是从技术体系上看，涵盖了目前国内的主流技术体系，施工技术和组织管理水平具备较强的代表性；二是从结构体系上看，涵盖了框架结构、剪力墙结构、框架剪力墙结构；三是从预制率看，涵盖了高中低不同预制率水平的项目，主要的预制构件包括预制外墙和内墙、叠合板、楼梯、阳台板和空调板，少量项目还包括预制梁、预制柱及其他一些预制构件，反映了目前我国装配式混凝土工程项目不同的发展水平；四是从抗震设防要求看，涉及了不同抗震设防烈度的地区；五是从建筑类型上看，涵盖了住宅建筑和公共建筑。因此，本专题选取的调研对象所得的数据将具有较好的代表性，能够充分、全面地反映出当前我国装配式混凝土建筑工程的成本效益和节能减排效益。将两者的单位平方米的建造成本计算差额后统计如表30-1所示。

---

① 本研究报告基于住房和城乡建设部科技与产业化发展中心承担的《建筑产业现代化工程项目成本效益和节能减排效益实证分析研究》（能源基金会支持项目，G-1402-20174）的课题成果。

部分项目建安部分增量成本统计表 表30-1

项目	建筑性质	单体层数（层）	预制率（%）	结构形式	抗震设防烈度（度）	增量成本（元/m^2）	项目规模
项目1	住宅	18	42.5	剪力墙	8	505	2栋
项目2	住宅	18/24	63	剪力墙	7	221.51	25栋
项目3	住宅	22	60	剪力墙	6	473.19	1栋
项目4	住宅	23	46	剪力墙	6	431.23	6栋
项目5	住宅	18	30	剪力墙	6	260.45	2栋
项目6	住宅	18	52	剪力墙	7	307.49	16栋
项目7	住宅	30/32/33	38	剪力墙	7	261.32	6栋
项目8	住宅	34	20	剪力墙	7	143.42	1栋
项目9	住宅	13	30	剪力墙	7	492	1栋
项目10	住宅	17	47.6	剪力墙	6	286	9栋
项目11	公建	4	71	框 架	7	459	1栋
项目12	公建	3	31	框 架	7	560	1栋

由表30-1可以看出，抗震设防等级为6~8度、预制率30%以上的装配式混凝土项目的增量成本约为200~500元/m^2，其中有一定规模的项目的增量成本基本可以控制在300元/m^2，部分增量较大的项目多为规模较小的实验性工程，部分预制率较低的项目增量约为150元左右。当然，不同的结构形式、技术体系、抗震设防水平、预制率、气候条件、管理模式、管理水平、项目规模、建筑高度会在很大程度上影响增量成本的具体数值。由于当前国内已决算完毕的装配式混凝土工程项目数量较少，无法得到按每种假定条件进行单独分析的有说服力的项目数据，因此本专题只给出增量成本的大概范围，待未来数据充足时可进行更深入的研究。

3 增量成本组成分析

3.1 按分部分项工程对比

通过7个不同地区案例的增量成本按分项工程对比分析，装配式建造方式的建安成本相比传统现浇方式有增有减，因各项目的基本情况差异较大，本专题不对增减的绝对数值进行分析，重点选取共性的增减项总结如下。

增量成本分项对比分析　　表30-2

减少部分	增加部分
钢筋工程和混凝土工程	预制构件产品和运输费用
砌筑工程	预制构件吊装费用
措施费	机械费
抹灰工程	墙板和楼板拼缝处理及相关材料费用

3.1.1　成本减少部分

（1）钢筋工程和混凝土工程：根据预制率的不同，装配式混凝土建筑工程的部分钢筋工程和混凝土工程转移至预制构件厂进行，减少了这部分费用。

（2）砌筑工程：因大部分项目均采用预制内外墙板，虽然现场还有零星砌筑，但工程量远远低于传统现浇方式量。砌筑工作量的减少，在综合单价没有太大差异的情况下，使得装配式混凝土建筑工程这部分费用有所减少。

（3）措施费：由于使用预制构件，装配式混凝土建筑工程施工过程中现场模板及支撑、模板支拆量大大减少，降低了模板费用；同时如果使用爬架替代脚手架，也可降低措施费。

（4）抹灰工程：由于预制构件是工厂制作，其平整度优于现浇住宅，施工的过程中只需对安装好的构件进行一些简单的修复，无须进行更多的找平工作，减少了大量的抹灰工作，相应减少了人工成本。

3.1.2　成本增加部分

（1）预制构件产品和运输费用：以预制夹芯保温外墙板为例，目前大部分地区的预制构件价格在2500~3500元/m^3之间，以预制率40%为例，折合建筑平方米的价格约为500元/m^2，是影响增量成本的主要因素。其中构配件的运输费为预制构件从生产工厂运到施工现场的费用，与运输方式和运输距离密切相关，如按运距60km以内考虑，预制构件的运输费用的经验数据约为100~150元/m^3。

（2）预制构件吊装费用：主要是构件垂直运输费、安装人工费、专用工具摊销等费用等，按预制率50%来算，预制构件的吊装费用约为300元/m^2左右。

（3）机械费：预制构件一般尺寸和重量较大，传统的塔吊等机械无法满足要求，而高规格的大型机械需求提高了设备的租赁成本。但塔吊的型号主要由最重的构件决定，在力臂不变的情况下，若能通过拆分构件，降低构件重量，则能优化塔吊型号，显著降低成本。

（4）墙板和楼板拼缝处理及相关材料费用：外墙缝表面用高分子密封材料封闭，以达到良好密封防水效果。

3.2 按单项费用增减对比

以北京市某装配式混凝土项目为例，单体建筑18层，共2栋，采用的预制构件包括叠合板、外墙板、内墙板、楼梯等，单体建筑预制率为42.54%，采用灌浆套筒连接技术。本测算依据《北京市建设工程概算定额》（2004年）、《北京市建设工程预算定额》（2012年）及《北京市建设工程造价信息2014年第9期》及市场询价，预制内外墙、叠合板、楼梯等构件费用参考有关预制构件生产企业的报价。

经测算该项目总增量成本为539元/m^2，其中建安成本增加505元/m^2，设计费、监理费、咨询费共增加34元。建安成本增加包括内外墙构件增加411元，预制内外墙构件与现浇构件交接处成本增加40元，预制叠合楼板构件成本增加40元，预制楼梯构件成本增加27元，内外墙套筒的成本增加31元，其他费用增加31元/m^2，外墙脚手架、模板费用、工期缩短、人工费共减少80元/m^2。

3.3 按不同预制率对比

以沈阳市某公租房项目为例，层高2.85m，地上标准层14层，檐高48.65m，标准层建筑面积5276.04m^2，采用剪力墙结构。本测算依据项目地上标准层土建施工图及构件拆分图纸、辽宁省建筑工程消耗量定额、取费标准以及沈阳市建设工程材料价格（指导性材料价格）。

项目预制构件生产制作采用自动化生产线，生产工人熟练操作，工厂内生产组织及管理机制成熟，工厂达到预期年产能。钢模具摊销费用与工程量大小有很大关系，本次测算按照以往工程量较大，即摊销费用较低考虑。预制构件运距暂按照20km考虑，需视具体情况而定。预制构件按照外购方式考虑。预制构件自工厂运输至施工现场，为了减少因二次搬运对预制构件的影响，不再进行现场存放，直接进行安装，即不含构件卸车和二次搬运费。构件安装按照施工现场实施有效组织，不存在窝工、误工现象。针对三种预制率，经测算，得出结果如表30-3所示。

某装配式混凝土项目标准层建安部分增量成本测算　　表30-3

序号	类别	传统现浇方式	装配式建造方式		
1	预制率	—	52.44%	42.25%	12.72%
2	预制构件种类	—	外墙板（带保温）、内墙板、叠合板、空调板、楼梯	外墙板（带保温）、内墙板	叠合板、空调板、楼梯
3	标准层建安部分增量成本	—	388.0元/m^2	333.96元/m^2	57.56元/m^2

4 引发增量的原因分析

4.1　预制构件生产和安装方面

从以上分析可以看出，预制构件价格及安装费用占增量成本的比例非常大，是造成预制装配式工程建造成本偏高的首要原因。而预制构件的价格组成较为复杂，既包括生产过程中投入的原材料、机械、人工及运输和安装费用，也包括土地、厂房、设备等固定资产投入及生产管理等费用。为理清构件价格偏高的真实原因，本专题采用真实工程数据对预制构件的价格进行深入分析。

4.1.1　预制构件的价格组成

预制构件的成本一般由材料费、制作费、措施费、运费、管理费和利润、税金共六部分构成。其中材料费约占30%，制作费、措施费、运费三项合计约占40%，管理费、利润、税金三项约占30%。

（1）材料费主要包括混凝土、钢筋、保温板及连接件、预埋件和其他材料。混凝土可以在构件厂现场拌制，且不需要运输，其价格低于现浇；钢筋由于是定尺加工，损耗较小，其价格也低于现浇。

（2）措施费主要包含两方面：一是模板摊销费、二是固定资产折旧。模具费用对构件价格影响很大，且与构件标准化程度、供货周期、供货规模及配模方式等都有很大关系，可模具配置清单、模具单价、模具摊销方式、残值等合理确定模具摊销。固定资产折旧包括构件厂的厂房、设备等的固定资产折旧，可通过市场上厂房、机械租赁费用判断是否合理。

（3）运费：运输采用专业支架，涉及支架的摊销费用。

（4）管理费、利润、税金：管理费一般按直接费的15%以内进行计算，利润一般按5%~10%进行计算。构件厂家需缴纳增值税，按增值额的 17%记取，同时预制构件生产过程中，主材费、辅材、模具、包装运输费可抵扣增值税，综合计算，抵扣后增加的税金在7%~12%之间，经咨询多家预制构件厂，本专题取9%。

4.1.2 预制构件与现浇做法的造价对比

以北京市某预制构件厂生产的外墙板、内墙板、叠合楼板和楼梯为例，价格如表30-4所示，按同等条件现场浇筑进行对比，预制外墙较现浇方式每建筑平方米增加223元，预制内墙增加188元，楼梯增加40.04元，楼板增加26.96元。其中材料费差异不大，预制构件的人工费和机械费有所减少，模板费、厂房和机械折旧费、运输费、企业管理费和税金是造成两者价格差异的主要因素。

北京市某预制构件厂预制构件价格表 表30-4

序号	名称	规格（mm）	单位	构件价格（元/m^3）	安装价格（元/m^3）	其他费用（元/m^3）	合计
1	外墙板	60+70+50	m^3	3500	403.77	801.97	4705
2	内墙板	200	m^3	3100	403.77	725.18	4229
3	叠合楼板预制部分	60	m^3	3181	176.39	672.10	4030
4	楼梯	—	m^3	3500	403.77	771.56	4676

注：构件价格含构件设计费、人工费、材料费、运输费、增值税、技术服务费。其他费用指现场施工部分的企业管理费、规费、税金、利润。

4.1.3 不同产量情况下的预制外墙价格对比

由于企业管理费和税金以直接费为基数进行计算，因此模板费、厂房和机械折旧费、运输费等直接费是分析构件价格较高的关键所在。而这些费用大多是摊销费用，与构件的产量息息相关，因此为分析构件价格与其产量的关系，本专题分别对“按供给单个项目”、“按供给较大规模项目”两种情况进行价格对比，如表30-5所示。其中单个项目售价以单栋楼外墙预制为基数，只考虑单栋楼生产成本，模具摊销、设备折旧比较大。较大规模项目按照10万平方米住宅项目计算。

按供给单栋楼与较大规模项目的预制外墙价格对比 表30-5

序号	分项费用	按供给单个项目计算（元/m^3）	按较大规模项目计算（元/m^3）	差额（元/m^3）	差额占比
（一）	直接费	2589.83	1986.2	603.63	77.45%

续表

序号	分项费用	按供给单个项目计算（元/m^3）	按较大规模项目计算（元/m^3）	差额（元/m^3）	差额占比
1	材料费	751.99	751.99	0	—
2	模板	356.84	153.21	201.63	26.00%
3	蒸汽养护费	230	150	80	10.26%
4	电费	75	55	20	1.57%
5	厂房折旧、租赁	250	120	130	16.25%
6	机械折旧费、摊销	161	80	81	10.39%
7	劳动保护	15	15	0	—
8	检测检验费	30	30	0	—
9	钢筋加工费	120	120	0	—
10	构件制作人工费、钢筋加工费	450	360	90	11.55%
11	运输费	150	150	0	—
（二）	企业管理费（直接费×10%）	258.98	198.62	60.36	7.74%
（三）	利润（直接费×5%）	129.49	99.31	30.18	3.87%
（四）	规费（直接费+企业管理费+利润）×3%	89.35	68.52	20.83	1.67%
（五）	税金（直接费+企业管理费+利润+规费）×9%	276.09	211.74	63.35	8.21%
	合计	3343.74	2563.39	779.35	100%

可以看出，当预制构件的产量达到一定规模后，由于机械折旧和摊销费、模具摊销费及构件制作费大大降低，导致预制构件的直接费大大降低，间接费也随之降低。因此，实现规模化生产是降低预制构件价格的重要途径。

4.1.4 按预制构件厂投资效益分析

以北方某构件厂为例，该厂共两条生产线，一条固定模，年设计产能为15万m^3，工厂建设期为10个月，使用自有资金建设。预制构件平均售价为3200元/m^3，以5年为投资收益计算期，第一年实现产能50%，第二年实现产能80%，第三年以后实现产能100%。为简化计算，设定经营年限为5年，从第三年开始进入稳定经营期，所得税率25%。

根据测算，在设定的各计算条件不变的情况下，当生产负荷达到设计项目总产量的17.56%以上时，项目可盈利（计算公式为“BEP=固定成本/（收入-税金-可变成本）”）。该构件厂内部收益率等于65%，税前静态投资回收期2.5年（含建设期）。在实现80%产能的前提下，构件厂实现盈亏平衡的预制构件平均价格为1640元/m。

4.1.5 预制构件价格较高的原因分析结论

（1）未实现规模效益。这是当前部分地区预制构件较高的最主要原因。规模效益的原理是企业内部的很多资源并没有发挥最大效用，处于阶段性闲置状态。而通过增加产量，恰好能使闲置的资源得到充分利用且并无额外的固定成本支出，进而降低单位造价。因此，如何实现预制构件的规模化采购、规模化生产、规模化运输是降低其价格的关键所在。

（2）摊销与折旧费用计取不合理。现阶段预制构件制作企业规模小数量少，往往导致大投入小产出，土地、设备和人工等得不到充分利用，这就使得摊销费用巨大。除此之外，大部分构件生产企业在固定资产折旧年限普遍短于其设计使用年限，这就导致构件分摊的折旧费较高。

（3）税费方面。因制造业与建筑业税种不同，导致传统现浇方式与装配式混凝土建造方式的税赋存在差异。表面来看，传统现浇方式由总包浇筑混凝土构件，在材料供应环节，总包需支付17%的增值税，在施工环节，开发商向总包单位支付2.4%的税费。而采用装配式建造方式时，从材料供应商到构件厂再从构件厂到总包单位2个环节均需支付17%的增值税，施工环节，开发商向总包单位支付2.4%的税费。虽然预制构件生产过程中，主材费、辅材、模具、包装运输费可抵扣增值税，但综合计算，抵扣后增加的税金在7%~12%之间。

（4）运输效率不足导致运输费较高。预制构件需要从工厂运输到项目建设地，增加的运输构件费用与运输效率有关，构件的运输效率受运输距离及构件形状、重量和大小的影响。此外构件厂选址与项目所在地的距离关系也尤为重要，运输效率越高，其成本增量则越低。

4.2 前期方案设计方面

4.2.1 不同构件部位对增量成本的影响

不同部位的装配式剪力墙构件，成本增加的差异很大，某些部位采用装配式可以不增加成本，某些部位采用装配式后成本增加幅度较大。根据济南市装配整体式混凝土结构建筑工程定额研究成果（表30-6），对3.2中北京市某装配式混凝土建筑项目进行重新核算，可以得出预制外墙较现浇方式每建筑平方米增加69元，预制内墙增加104元，楼梯增加17元，楼板降低13元。

某预制构件定额价格　表30-6

构件类型	预制率贡献	生产价格（元/m³）	运输价格（元/m³）	安装价格（元/m³）	其他费用（元/m³）	合计（元/m³）
外墙	20%～25%	2423	211	229	602	3465
内墙（承重）	10%～20%	2119	211	269	551	3150
楼板	10%～15%	1583	192	63	380	2218
阳台	3%～5%	1730	211	204	435	2580
楼梯		1763	211	231	446	2651
空调板		1685	192	186	419	2482

注：1. 数据来源于济南市《预制钢筋混凝土装配式建筑工程消耗量定额》送审稿，其中运输价格按10t载货汽车运输60km以内取值，构件装载价格按门式起重机20t取值，安装按塔式起重机取值。
2. 其他费用指现场施工部分的企业管理费、规费、税金、利润。

4.2.2 建筑体型对增量成本的影响

不同建筑体型对构件成本、预制构件用量的影响很大，采用相同装配式体系的两个单体工程，由于建筑体型、外立面复杂程度的差异，成本相差很大。设计中不同种类的预制构件越多，构件形式越复杂，则模具的成本会越高。因此，提高构件标准化程度显得尤为重要，而构件标准化又以建筑平面标准化为前提。

4.2.3 构件设计对增量成本的影响

以往的构件设计是先进行单体设计再进行拆分，很难实现较高的构件标准化程度。而若在项目开始阶段就以工业化和标准化的思维进行单体设计，可以大大提高构件标准化程度，提高模板周转次数，据万科测算，如将构件模板周转次数由现状的60~70次提高至100次，则模具费用能降低80~100元/m³。同时，通过在设计阶段合理控制单个构件重量可以有效降低塔吊费用，提高安装效率，进而降低成本。

4.3 现场施工方面

4.3.1 设计生产施工环节脱节导致装配式建造方式优势未充分发挥

建筑的设计、生产与施工环节应是一个完整的、密切联系的整体，必须统筹考虑，这一点对于装配式建造方式尤为重要。但由于目前国内建筑的设计、生产与施工环节都是相互独立的企业运营，使得装配式建造方式的设计、生产、施工环节严重脱节，项目的建造过程不连续，各自为战，没有从项目整体效益最大化出发，造成装配式建造方式优势未充分发挥，甚至引发成本增加、工期延长等问题。如部分项目在设计初期缺乏对构件标准化的有效考虑，构件设计与生产没有足够有效的沟通，以致构件标准化程度不高，生产中模具种类增加，从而极大影响了工业化成本。造成这一问题的根本原因在于没有推行设计、生产、施工一体化的工程总承包建设模式，传统的生产方式和建设模式亟需创新突破。

4.3.2 部分项目管理经验不足导致人工费等减量成本降低不明显

调研中发现部分项目管理经验不足，没有深刻理解装配式建造方式在施工环节带来的变化，未能在施工组织设计阶段进行合理的施工准备。由于缺乏科学的计划组织，这些项目在施工阶段普遍出现人员窝工、材料浪费、设备闲置以及工种、专业、工序发生矛盾的现象，特别是使得装配式建造方式本应在施工阶段减少的人工费方面效果不明显，进而增加了工程项目的增量成本。

4.3.3 部分项目预制构件吊装效率不高导致机械费和人工费增加

当前预制构件的生产、运输与安装存在一定脱节，降低了预制构件的安装效率。构件的安装以重型吊车和人工费用为主，安装的速度决定了安装的成本，如预制剪力墙构件安装时，套筒胶锚连接和螺箍小孔胶锚连接方式的单片墙体安装较慢，时间一般是预制双叠合墙、预制圆孔板剪力墙的3~5倍左右，因此安装费用也要高出好几倍。由于很多项目规模小，无法通过分段流水的方法实现多工序同时工作，造成安装成本较高。

而机械费用控制体现在塔吊布局和选型的经济性上。合理的塔吊选型需结合构件的设计与重量，同时数量对吊装效率有很大影响，构件设计得过多吊装效率下降，构件设计得过重远端构件可能无法起吊，这都将影响到施工的成本。因此在构件拆分设计中应把构件的重量和数量控制在一个合理的数值上。工业化的节点施工不同于传统现浇体系，往往也需要借助其他工具来辅助施工，新的施工操作方式使得工业化施工部分的人工成本提高。

4.3.4 产业工人缺乏导致现场施工效率提高不明显

装配式建造方式的核心是建筑工业化，建筑工业化的重要标志是建筑业劳动生产率的提高，而通过建筑工业化提高劳动生产率的关键在于专业技术工人，也就是所谓的产业工人。传统现浇建造方式下现场湿作业内容多，需求的劳动力相对多，工种杂，对建筑工人的专业技术要求不高。而装配式生产方式完全不同于传统现浇，现场湿作业减少，许多工种消失，例如抹灰工、砌墙工，现场人数也大幅度减少。取而代之的是大幅度增加的复杂的技能型操作工序，这对操作工人的技术能力提出了更高的要求。但目前国内尚未形成成熟的装配式建筑劳务分包市场，专业技术工人严重缺乏，导致施工现场的劳动生产率提高不明显。同时，由于建筑工人流动性很大，经常出现刚培训熟练的产业工人流失的现象，导致企业不断重复的培训新人，重复出现新人上岗、掌握技能、项目结束工人离开的怪圈，增加了大量的人工费支出。

5 降低增量的路径分析

5.1 通过有效措施合理降低预制构件价格

5.1.1 降低预制构件价格的措施

（1）适度提高预制率和构件标准化。在两种工法并存的情况下，合理地确定预制率可以充分发挥现浇和预制各自的优势，发挥重型吊车的使用效率，尽量避免水平构件现浇，减少“满堂模板”和脚手架的使用，外墙保温装饰一体化可节约成本并减少外脚手架费用，提高构件重复率可以减少模具种类提高周转次数，降低成本。

（2）优化设计。由于设计对最终的造价起决定作用，因此项目在策划和方案设计阶段时，就应系统考虑到建筑方案对深化设计、构件生产、运输、安装施工环节的影响，合理确定方案。特别是对需要预制的部分，应选择易生产、便于安装、成本相对低的形式，不可人为地增大项目实施的难度，应重点把握预制率和重复率，利用标准化的模块灵活组合来满足建筑要求，并合理设计预制构件与现浇连接之间的构造形式，降低生产和施工难度。

（3）改进构件生产工艺，提高生产效率降低成本。目前预制构件生产存在模具笨重和组模、拆模速度慢、生产效率低的弊端，应革新模具构造并改进为流水线生产形式，使混凝土下料、振捣、养护在固定的位置，既提高生产效率也方便管理。同时采用磁性模板做边模，可延长模具平台的使用寿命5～10倍，大大降低模具成本。

（4）优化工艺、简化工艺。从万科、宇辉的情况看，预制外墙都必须采用反打工艺，需要使用大量的密封胶条辅助材料，施工工序复杂，增加了成本，构件生产采用固定工位。如果对生产模具进行革新，使模具成为长期使用的通用设备，并改为流水线生产方式，可以大大提高生产效率，从而降低构件生产成本。

（5）改变构件装运形式，提高运输效率。将构件装运方式改为平放或立放（带飘窗或空调板的构件只能立放或斜靠），可以大大提高构件的运输效率，节省运费。

5.1.2 通过合理降低预制构件价格后的效果估算

以项目1为例，外墙出厂价格约为3500元/m^3。而目前预制构件产能较为充足地区的售价大概在2400~2700元/m^3之间，部分已出台或即将出台的地方定额价格也在此区间。为测算合理降低预制构件价格后的效果，报告选取济南市预制构件定额相关研究成果进行对项目1的增量成本重新进行估算，该项目的增量成本由505元/m^2降低为204元/m^2。

5.2 加大政策扶持力度弥补部分增量成本

5.2.1 面积奖励方面

（1）给予3%以内的容积率奖励，以北京、沈阳等为代表。如北京市规定在原规划的建筑面积基础上，奖励一定数量的建筑面积，项目奖励面积总和不超过实施产业化的各单体规划建筑面积之和的3%。

按北京市相关计算方法，以某10万m^2左右的装配式混凝土建筑假定测算对象，实施装配式的建筑面积共计74663.45m^2。项目预制率为40%，增量成本为300元/m^2，假定给予该项目3%的容积率奖励，则奖励面积为2240m^2。

①支出方面共4092万元

装配式建造方式增量成本为3196万元；据北京万科测算，获得的奖励面积部分需要支出建安成本、土地出让金及相关配套设施费用，共计约4000元/m^2，共需支出896万元。不考虑因申请面积奖励带来的开盘时间滞后等因素。

②盈亏平衡点计算

盈亏平衡点的房屋售价为1.8万元/m^2

房屋售价=4092万元/2240m^2≈1.8万元

（2）预制外墙不计入建筑面积，以上海、长沙等为代表。如上海市规定装配式建筑外墙采用预制夹心保温墙体的，其预制夹心保温墙体面积可不计入容积率，但其建筑面积不应超过总建筑面积的3%。奖励原理与3%以内的容积率奖励类似，但需处理好与现行房屋测绘规定之间的关系。

（3）建议探索土地出让金返还方式。

虽然企业在以上面积奖励政策中有所获益，但实施过程行政成本过高，且有突破规划容积率的嫌疑，而预制外墙不计入建筑面积的政策在部分方面与现行房屋测绘规定之间存在一定矛盾。因此，建议探索新的简便易行的奖励方式，如缓交或返还部分土地出让金。

5.2.2 房屋预售方面

一般的房屋预售条件为项目投入开发建设的资金达到工程建设总投资的百分之二十五以上，对于7层以上的商品房项目已完成地面以上三分之二层数。而深圳等城市的鼓励政策中提出，对于装配式建筑，已完成地面以上三分之一层数即可提前办理房屋预售。

仍以上文案例为假定测算对象，地上建筑面积为99324m^2。对于开发企业，该项鼓励政策可提前2个月办理房屋预售（27层/3×7天）。按照销售顺利提前2个月获得房屋销售款、年息8%计算：

①销售价格按5000元/m^2计算，可带来61.6元/m^2的收益。

②销售价格按10000元/m^{2}计算，可带来125元/m^{2}的收益。

③销售价格按20000元/m^{2}计算，可带来250元/m^{2}的收益。

④销售价格按30000元/m^{2}计算，可带来375元/m^{2}的收益。

由上可知，提前预售的鼓励政策对于房价较高的城市较为适合，能够在很大程度上弥补装配式混凝土建筑的增量成本，提前预售的时间越长，该项政策给开发企业带来的收益会越大。

5.3 推广工程总承包模式实现项目整体效益最大化

装配整体式建筑推广设计施工总承包模式可起到降低成本的作用。首先表现在：工程总承包模式使工程设计、施工等建设环节有机结合，系统优化设计方案，统筹预制装配作业，有效地对质量、成本和进度进行综合控制，提高工程建设管理水平，缩短建设总工期，降低工程投资，保证工程质量。其次，预制构件的设计、生产、施工的一体化，减少了交易环节，使得流转税费支出也将大大减少，进而表现为装配整体式建筑成本的大幅降低。

5.4 推行住宅全装修充分发挥工期缩短的资金节约优势

5.4.1 结构工期对比

装配式剪力墙结构住宅与传统现浇结构住宅楼施工相比，在墙钢筋绑扎、墙模板安装、墙混凝土浇筑、墙模板拆除、水平模板支设、板混凝土浇筑这六个工序相同的基础上，增加了吊装预制构件、灌浆、叠合板吊装三个工序。与传统现浇结构施工组织相比较，新增的预制墙板吊装、灌浆作业及叠合板吊装增加了工期，但其他共有的工序均较传统结构时间有所缩短，总的来看，结构总工期装配式剪力墙结构体系略长于现浇结构体系。

5.4.2 总工期对比

虽然装配式混凝土建筑结构工期较传统住宅稍慢，但提前了室内装修作业进场时间、缩短了外墙装饰作业时间、提前了室外工程开始时间，按部分项目的经验，宏观工期可缩短1~3个月。

装配式结构与现浇结构工期对比 表30-7

阶段工期	装配结构（15层）	现浇结构（15层）	说明
结构工期	130天	105天	现浇结构7天/层，预制结构前五层12天/层，后十层7天/层
外装工期	120天	200天	现浇楼座：屋面1个月、附框安装收口1个月、防水1个月、保温2个月、涂料1个月、外窗安装1个月；预制楼座仅有屋面、涂料、外窗安装、打胶工序，工期节省80天

续表

阶段工期	装配结构（15层）	现浇结构（15层）	说明
内装工期	180天	210天	预制楼座点位预留准确，无点位拆改，交接时间可节约1个月以上
合计工期	430天	515天	总工期缩短3个月

对于施工企业，以某10万平方米的住宅项目为例，建安成本按照2000元/m^{2}计算，施工部分投资额为2亿元，以总工期缩短3个月计算，年息8%，分3次回款，节省的利息为146万元。

工期缩短的施工企业财务费用计算　表30-8

回款批次	第一次	第二次	第三次	合计
回款额度	6000万元	6000万元	8000万元	2亿元
提前时间	无	1个月	2个月	3个月
利息节省	0元	40万元	106万元	146万元

5.5 建立产业工人队伍逐步扩大人工费减少的优势

5.5.1 建筑业用工荒和人工费上涨成为推动装配式建筑的重要因素

近年来，装配式建筑得到迅速推广，这一方面是因为我国新型城镇化发展的要求，另一方面则是人口红利压力下不得不为的改革。近年来，在工地上从事一线施工工作的多数都是年龄在50 岁以上的“老年”农民工。[①]同时，自1996年开始，我国建安成本中人工费的比重从5%逐步攀升到目前的25%~30%左右，之前依靠低廉人工成本优势的局面不再出现。而装配式建筑的最大优势之一就是节约劳动力，降低人工费。装配式建筑推广较为成熟的国家或地区的人工费占比一般在40%~60%，用工成本也远高于国内水平。以我国香港为例，2013年香港建筑工人平均工资为906元/工日，内地建筑工人平均工资为126元/工日，两者差距为6倍左右。[②]

① 《从〈2014年全国农民工监测调查报告〉看建筑业农民工发展现状》。

② 罗明，重庆大学，《建筑业人工成本发展现状及影响因素研究》。

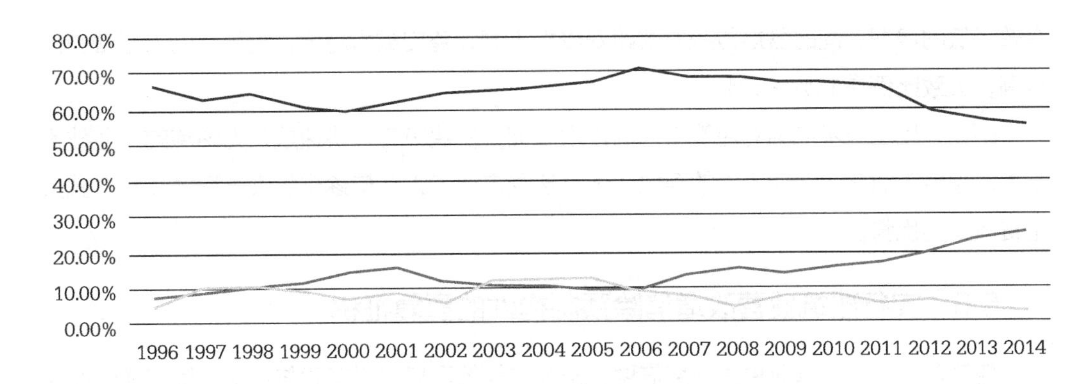

图30-1 1996~2014年我国建筑业建安成本变化趋势图

数据来源：《中国统计年鉴》2013。

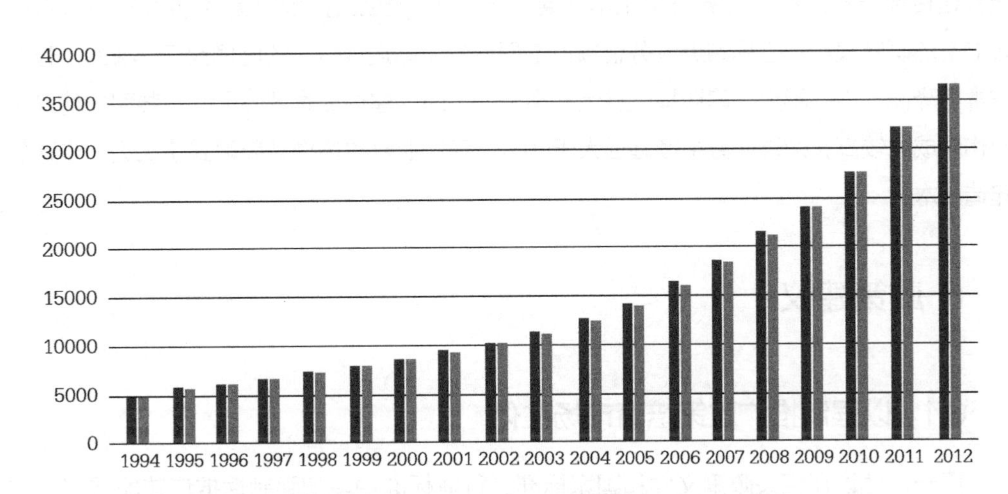

图30-2 1994~2012年我国建筑业从业人员平均工资发展情况图

数据来源：《中国统计年鉴》2013年。

5.5.2 装配式建筑实现成本优势的人工费占比临界值计算

以小高层混凝土住宅为例，传统现浇方式建安成本约2000元，其中人工费约占30%，即600元，其他部分为1400元。以某预制率40%～50%的装配式混凝土建筑为例，增量成本约为300元。假定除人工费以外的其他费用不变，当装配式混凝土建筑人工费节省300元时，两种建设方式的建安成本才能基本持平。按理想状况下装配式混凝土建筑现场施工人工费可以节约30%左右的条件进行计算，两者持平的人工费临界值为1000元（300元/0.3=1000元），此时建安成本为2400元（1000元+1400元），人工费约占建安成本的40%，人工费增长66%。（注：此计算未考虑增量成本未来通过合理政策引导后实现

有效降低的情况；同时各地传统方式建安成本不同，建安成本越低，临界值的人工费占比越高，大致比例在40%～50%）

因此，应进一步加强对建筑工人的技术培训，使建筑工人快速成长为熟练的产业技术工人，满足工业化对产业工人的要求。通过建立产业工人队伍逐步扩大装配式建造方式人工费减少的优势。

5.6 实行建筑业营改增消除预制构件的重复征税

建筑业一旦试点营业税改征增值税，预制构件的重复征税问题将消除。根据《营业税改征增值税试点方案》（财税〔2011〕110号）规定，建筑业营改增税率为11%，低于PC构件厂商增值税税率17%，因此建筑业“营改增”将降低装配式建筑造价。同时，住房和城乡建设部标准定额研究所于2014年开展《建筑业“营改增”对工程造价及计价体系的影响》的研究表明：工程购进业务金额占工程造价（建造成本）的比例大于56%时，建造成本将降低，占比越大，建造幅度越大；小于56%时，建造成本才会上升。装配式建筑由于构件成本较高，购进业务金额远远大于56%，建筑业营改增推动装配式建筑进一步降低建造成本。

6 政策建议

6.1 以强制推广政策培育市场主体

第一，建议在相关政策文件和国家标准、行业标准中增加强制性推广装配式建筑的条文。

第二，要求省会城市和计划单列市的保障性安居工程必须采用装配式建造方式并同步实施全装修；根据当地发展水平和基础条件，在年度招拍挂土地中安排一定比例的建设用地实施装配式建筑项目，并在土地出让、规划条件中明确预制装配率、全装修面积比例等要求。通过该政策实施，可以促进预制构件生产规模的扩大，实现预制构件的规模经济。

6.2 以鼓励政策引入市场化竞争机制

第一，给予财政奖励。可按照不同的技术体系和先进性给予装配式建筑一定的财政奖励，条件成熟后按《工业化建筑评价标准》要求，根据不同等级的工业化建筑的增量成本给予一定数额的财政奖励。

第二，设立中央财政专项资金。一是支持相关政策、标准、规范的制定和关键技术的研发；二是补贴国家住宅产业现代化综合试点城市和基地企业，住房和城乡建设部定期组织绩效评价，并根据绩效评价结果进行奖罚。

第三，改革装配式建筑相关税费政策。一是取消或减免预制构件在流转环节的税费，将构件企业定位从工业企业转变为建筑专业承包施工企业，以降低其固定税率。①二是给予社保费、安全措施费、质量保证金、城市建设配套费等优惠减免，墙体全部采用预制墙板的项目墙改基金即征即退。

第四，增量成本列支。政府投资项目在批复项目时，允许装配式建筑投资估算超过传统现浇项目投资估算，并将建造增量成本纳入建设成本，保障性住房项目可适当提高标准定额。

第五，允许适度提前办理《商品房预售许可证》。在办理《商品房预售许可证》时，允许将预制构件投资计入工程建设总投资额，纳入进度衡量，并允许适度提前办理《商品房预售许可证》。

6.3 建立标准化设计引导下的通用部品体系

6.3.1 尽快梳理完善装配式建筑标准体系

只有构建完善的装配式建筑标准体系才能更好地实现工程建设的专业化、协作化和集约化，这是工程建设实现社会化大生产的重要前提。建议从建筑技术体系入手，进一步理清各种不同类型工业化建筑体系所需的标准体系构架，及其相关技术标准内容，梳理、归纳已有的技术标准和缺失的技术标准，最终建立起基于住宅设计、部品部件生产、现场施工装配、竣工验收管理全过程的系统化、多层次、全覆盖的装配式建筑标准体系构架。

特别是要抓紧完善基本模数国家标准，在产业化全链条的各个环节强制推行或优先选用；加快编制装配式建筑整体结构及节点结构设计标准和施工图集，并研发计算软件；进一步在《绿色建筑评价标准》中增加装配式建筑的相关要求。

6.3.2 以保障性住房为切入点建立地方通用部品目录

制约当前装配式建筑成本较高的关键因素在于尚未实现规模化效益。要实现规模化必须实现工业化批量生产，批量生产就要求装配式建筑设计应采用标准化的设计方法。各地

---

① 目前预制构件企业都是按建筑施工企业来运营具体工程施工，但国家对预制企业按照工业企业的增值税进行课税。这就使得目前行业税率约为6%~8%，比建筑企业2.4%固定税率高出一倍左右。而据沈阳市测算，将构件企业定位从工业企业转变为建筑专业承包施工企业后，采用水泥、钢筋两项增值税抵扣的方式，大约可降低PC生产成本的9%，每平方米造价可下降约90元。

应重点研究适合当地气候特点的保障性住房的标准化设计，形成系列化的标准户型、组合单元楼、施工图库、预制构件图库及相应的工程量清单、材料清单。通过保障性住房标准化的推进和标准化预制构件的大规模应用，逐步降低部分重复率较高的构件部品的工程造价，并依此为基础建立起社会化的通用部品目录。

6.3.3 在企业专用体系的基础上构建区域通用体系

通用体系是通过将建筑的各种构配件、配套制品和构造连接技术标准化、通用化，使各类建筑所需的构配件和节点构造可互换通用的商品化建筑体系。其优越性在于：（1）各厂商围绕某种构配件进行专业化大批量生产，可以形成丰富的产品系列。（2）按构配件组织专业化生产，有利于实行生产的高度机械化和自动化，可大大提高生产率，降低造价。（3）生产单位与施工企业分开，能充分发挥生产设备的作用。（4）不受工程规模和形式的限制。（5）使建造过程合理化。对设计人员来讲，可从构配件和构造细部的设计中解放出来，集中于分析用户要求，以求做出最佳设计。（6）从主体工程的工业化扩大到包括设备及装修工程在内的全建筑过程的工业化。

当前国内尚未形成成熟可靠的可供规模推广的技术体系，还不具备建立通用体系的条件。因此，需要在各企业逐步完善专用体系的基础上，再通过充分的市场竞争优胜劣汰，最终形成我国的装配式建筑通用体系，进而实现社会化大生产。

6.4 大力推进工程总承包模式

工程总承包是指从事工程总承包的企业受建设单位委托，按照合同约定对工程项目的勘察、设计、采购、施工、试运行等实行全过程或若干阶段的承包，并对工程的质量、安全、工期、造价等全面负责。而施工总承包是指施工单位仅对施工任务（一般指土建部分）的承包，其他阶段的承包任务由建设单位发包给其他的承包单位负责。工程总承包模式的优势在于它可以使工程设计、施工等建设环节有机结合，系统优化设计方案，统筹预制装配作业，有效地对质量、成本和进度进行综合控制，提高工程建设管理水平，缩短建设总工期，降低工程投资，保证工程质量。其次，预制构件的设计、生产、施工的一体化，减少了交易环节，使得流转税费支出也将大大减少，进而表现为装配式建筑成本的大幅降低。

一是研究工程总承包资质配套政策，对成熟的建筑产业集团应核发具有建筑设计、构件生产、施工安装的工程总承包一体化的资质。

二是社会各方要加强配合，打破部门、行业、地区的界限，按照“市场需求、政府引导、行业推动、企业自愿”的原则，鼓励大型设计、施工企业利用自身优势，拓展服务功能，创建一批资金雄厚、人才密集、技术先进，具有科研、设计、采购、施工管理和融资等能力的大型工程公司和“龙头”企业。

三是发挥政府部门的协调作用，逐步完善开展工程总承包市场体系，如在金融、保险、担保、人才培养、知识产权保护等方面的支持和配合，发挥总承包的优势，提高工程建设水平。政府投资的装配式建筑示范项目应优先采用工程总承包模式，工程总承包单位可依据合同约定选择分包商，并对工程质量、安全、进度、造价负总责。

四是在当前初期阶段，建议各部品生产商可直接与业主签订合同，组织生产并在总承包（或项目管理）企业的统一组织下按期进行现场组装；总承包（或项目管理）企业承担现场的项目管理工作和业主委托的现场定制部品的生产和组装。条件成熟后，住宅的设计、制造、安装工作，都由住宅产业集团负责，转为工程总承包模式。

6.5 改革工程建设管理制度

由于住宅产业现代化是生产方式变革，必然带来现有管理体制、机制的变化，比如现行的审图制度、定额管理、监理范围、工程验收以及相关主体责任范围等都将发生变化，现行的体制机制如何适应装配式建筑的发展要求，是当前需要亟待加以研究和解决的问题。

6.5.1 资质管理方面

在现有建筑业管理制度下，资质管理作为政府监管的重要手段，在推动建筑业转型升级方面发挥重要作用，完善装配式建筑相关资质管理对解决当前发展中遇到的一些深层次问题具有非常重要的意义。

一是预制构件企业方面。一方面应加强对新建预制构件工厂的市场准入监管，防止产生新的产能过剩；另一方面，当前预制构件的安装环节存在一定程度的脱节，应鼓励预制构件工程首先在专业化安装层面上延伸，而后视情况逐步开展专业设计试点。

二是劳务分包企业方面。一方面加强对现有施工人员的技能培训，增加构件生产和安装技能培训和持证上岗要求；另一方面制订装配式住宅工程劳务分包企业资格认定标准，鼓励成立固定化、专业化的装配式住宅施工队伍。

三是监理单位方面。将装配式建筑监督要求扩充到监理资质要求中，提高监理的从业能力和预制构件的设计监管水平；加紧完善预制构件质量验收标准。提高预制构件生产监理的监管水平；加快制订和完善预制构件安装工艺标准，解决构件安装监理工程师工作依据缺乏问题。

6.5.2 工程计价方面

发展初期，建议对总承包（或项目管理）企业实行成本+酬金的计价模式：各部品生产商直接与业主签订合同，获得部品生产及安装费用；总承包（或项目管理）企业获取项目管理的酬金和定制部品的生产安装费用。现场定制部品的计价，可延续现行定额和清单计价方法；其余装配式混凝土建筑部品计价按工业品的计价方法来管理。在设计收费方面，因装配式建筑设计较为复杂，应提高装配式建筑建设项目设计收费标准。条件成熟后，建议定价模式在采用设计方案或规划指标直接进行招标时，由市场定价。

同时，要加紧制定针对预制装配结构设计和施工的定额和工程量清单计价规范。可先从探究各家预制构件生产厂的详细价格构成入手，在招投标过程中，要求投标单位填写详细的综合单价构成，并以此为基础，比对各家在同一计量、计价子项上存在的差别，通过剔除不合理报价，逐步梳理出合理获利范围内的装配式建筑价格组成，最终在前述工作基础上编制相应的定额及清单计价规范。

6.5.3 招投标方面

当前，由于发展初期企业的结构体系、预制率不尽相同，项目的施工和定额标准还不完善，公开招标尚不具备条件，因此，建议采用单一来源方式确定装配式建筑施工企业，在其部品招标时，由建设单位直接组织或授权总承包单位（或项目管理单位）进行招标，允许部品生产商直接参与投标，只要求生产资质即可；待对部品生产商的安装资质管理完善后，再同时要求生产资质和安装资质。条件成熟后，可简化工程总承包招标程序，采用设计方案或规划指标直接招标。

积极推行设计、生产、施工为一体的工程总承包承发包方式。率先开展合理最低价中标试点。把装配式建筑示范项目纳入邀标范围，邀标的评标办法宜采用综合评估法，对投标人的设计经验、施工经验，构件厂商能力，施工图设计进度，施工组织设计、投标价格、质量、工期等因素进行综合考虑，营造“优质优价”的市场环境。

6.5.4 开工许可方面

发展初期，建议协调国土、规划、建设等相关部门开辟“绿色通道”，整合审批、审核、备案流程，一窗受理、办理相关手续，简化项目审批流程，缩短办理时限，克服装配式混凝土建筑因前期手续繁琐导致工期延长从而拉高工程造价的弊端。

6.6 加强市场主体能力建设

企业是推进装配式建筑的市场主体，当前装配式建筑处在发展的初期阶段，企业在设计、生产、施工、管理各环节缺技术、缺人才、缺专业化队伍仍具有普遍性，这也是导致当前装配式建筑工程造价居高不下的重要原因之一。因此，加强市场主体能力建设是提质增效、降低成本、实现装配式建筑可持续发展的关键所在。

6.6.1 扶持龙头企业打造产业集群

重点培育和发展一批产业链相对完整、产业关联度大、带动能力强的龙头企业（产业集团），尽快建立符合装配式建筑要求的技术体系和管理模式。一是支持建筑业企业资源整合，形成具有新型建筑工业化设计、制造、施工能力的产业集团，全面提高建筑业企业的技术装备水平，对引进大型专用先进设备，可享受与工业企业相同的贷款贴息等优惠政策。二是积极培育预制构件和建筑部品生产企业，支持生产企业加快技术改造，提高生产设施和企业管理水平，鼓励企业新的工法工艺的研发。对于实施装配式建筑项目并编制省级以上技术标准规程的企业，鼓励其申报高新技术企业及享受相关科技创新扶持政策。三是充分发挥高校、科研院所的科研力量，与企业联合研发具有普遍性与前瞻性的核心与关键技术，实现“产学研用”协同创新。

依托以龙头企业为首的产业集群，整合行业资源，形成集成优势和规模效应。集成的技术体系和产品体系，在质量、价格等各方面具有打入国际市场的优势，形成国际竞争力，以出口拉动经济增长。

6.6.2 注重技术创新和管理创新双轮驱动

目前，在各地推进住宅产业现代化过程中，更多地注重技术创新，而忽视管理创新，尤其是企业在技术创新方面投入很大并取得一定成果，但在工程实践中却仍然采用传统管理模式，导致工程项目的质量和效益达不到预期效果。因此，要注重技术创新与管理创新并重，摆脱采用传统管理模式来运用新技术体系的局面，从而达到提高工程质量和效益的目的。现阶段管理创新要比技术创新更难、更重要，传统管理模式具有较强的路径依赖性，在技术、利益、观念、体制等各方面都存在着保守性和依赖性。

6.6.3 推进建筑信息模型的应用

建筑信息模型（BIM）作为新型建筑工业化的数字化建设和运维的基础性技术工具，其强大的信息共享能力、协同工作能力、专业任务能力的作用正在日益显现。BIM技术广泛应用使我国工程建设逐步向工业化、标准化和集约化方向发展，促使工程建设各阶段、各专业主体之间在更高层面上充分共享资源，有效地避免各专业、各行业间不协调问题，有效地解决了设计与施工脱节、部品与建造技术脱节的问题，极大地提高了工程建设的精细化、生产效率和工程质量，并充分体现和发挥了新型建筑工业化的特点及优势。针对我国建筑工业化的未来发展，有必要着力推进BIM技术与建筑工业化的深度融合与应用，以促进我国住房城乡建设领域的技术进步和产业升级。

6.6.4 加强从业人员能力建设

组织开展相关人员分类培训，包括开发设计、部品生产、施工装配、检验检测、监理等全产业链的从业人员；改革建筑学等与装配式建筑相关学科的教育体制、教学体系和人才培训方式，增加相关教学内容，加大与装配式建筑相关的专业人才培养力度，扩大培养数量；在设计、施工、监理等执（职）业资格或上岗证考试及每年的继续教育培训中增加装配式建筑技术相关内容，用这些必要的强制性手段扭转从业人员对装配式建筑的认识；在产业工人培训方面，应加快培养管理与技术人才，包括实操技术人员、职业技术工人等，引导农民工在产业转型过程中同步转型为产业工人。

参考文献：

[1] 建筑产业现代化工程项目成本效益和节能减排效益实证分析研究．住房和城乡建设部科技与产业化发展中心．

[2] 刘美霞，武振，王广明，刘洪娥．我国住宅产业现代化发展问题剖析与对策研究[J]．工程建设与设计，2015.

[3] 齐宝库，刘德良．装配整体式建筑工程成本分析研究报告[R]．沈阳建筑大学，2013.

[4] 李丽红，耿博慧，齐宝库等．装配式建筑工程与现浇建筑工程成本对比与实证研究[J]．建筑经济，2013.

[5] 王春才，范业麟，徐晶璐等．保障性住房产业化成本控制研究[J]．建筑技艺，2014.

[6] 张建国，张吉坤，杜常岭等．沈阳惠生新城项目装配式混凝土结构施工质量控制技术[J]．混凝土世界，2015.

[7] 伍培源．预制装配式住宅与现浇混凝土结构住宅造价对比研究[J]．建筑设计，2015.

[8] 汪涛，李桂君，王硕等．住宅产业化与传统建设方式成本比较研究[J]．工程管理学报，2015.

[9] 张红霞．装配式住宅全生命周期经济性分析[D]．山东农业大学，2013.

[10] 林金鑫，李丽红，峦岚．沈阳市现代建筑产业发展的成本瓶颈分析与对策[J]．辽宁经济，2013.

[11] 罗明．建筑业人工成本发展现状及影响因素研究[D]．重庆大学，2014.

[12] 竹隰生，任宏，郭敬．我国建筑业人工成本现状及发展趋势分析[J]．建筑经济，2007.

[13] 王颖，李佩．基于2013版《建设工程工程量清单计价规范》模式下的建设成本管理研究[J]．城市建设理论研究，2013.

[14] 叶伟萍．预制构件厂的固定资产折旧方法新探析[J]．财经界，2013.

[15] 张季超，王慧英，楚先锋等．预制混凝土结构的效益评价及其在我国的发展[J]．建筑技术．2007.

[16] 范悦，叶明．试论中国特色的住宅工业化的发展策略[J]．建筑学报，2012.

[17] 齐宝库，王明振．我国PC建筑发展存在的问题及对策研究[J]．建筑经济，2014.

[18] 纪颖波．建筑工业化发展研究[M]．北京:中国建筑工业出版社，2011.

[19] 蒋勤俭．国内外装配式混凝土建筑发展综述[J]．建筑技术，2010.

[20] 岑岩．深圳及香港住宅产业化的实践与思考[J]．住宅产业，2013.

编写人员：

负责人及撰稿：

王广明：住房和城乡建设部住宅产业化促进中心

武　振：住房和城乡建设部住宅产业化促进中心

参加人员：

刘美霞：住房和城乡建设部住宅产业化促进中心

赵中宇：中国中建设计集团有限公司

郭　宁：北京市住房和城乡建设科技促进中心

李忠富：大连理工大学

曹新颖：海南大学

李丽红：沈阳建筑大学

甘生宇：深圳万科房地产有限公司

Topic 31

专题31 装配式混凝土建筑综合效益分析

主要观点摘要

（1）采用装配式建造方式带来的社会、经济和环境效益非常显著。

（2）装配式混凝土建筑可以有效提高建筑综合质量、提升品质和性能、提高生产效率、提高施工安全，降低成本、减少用工、减少资源能源消耗、减少建筑垃圾和扬尘排放。

（3）与传统现浇方式相比，装配式混凝土建筑在建造阶段可以节约55%的木材、52%的保温材料（按外墙夹芯保温，与建筑同寿命进行测算）、55%的水泥砂浆、24%的施工用水、18%的施工用电以及减少69%的建筑垃圾排放。

（4）与传统现浇建筑相比，装配式混凝土建筑可有效减少施工现场扬尘排放和噪音污染。

（5）与传统现浇建筑相比，装配式混凝土建筑建造阶段单位平方米可减少碳排放27.26kg。假定装配式混凝土建筑占新建建筑的比例达到20%，则到2025年，装配式混凝土建筑在建造阶段可实现碳减排1000万t（约353万t标煤），相当于“十二五”期末建筑节能1.16亿t标准煤任务的3.04%，相当于“十二五”期末新建建筑节能4500万t标准煤任务的7.84%。

（6）结合《节能减排低碳行动方案》和《大气污染防治行动计划实施细则》等文件，充分挖掘装配式建筑对推动经济结构转型、实现节能减排降碳约束性目标、治理大气污染等方面的贡献。

（7）出台征收建筑垃圾处置费、施工扬尘排污费等限制性政策，建立倒逼机制，实现行业转型发展。建议参考香港经验征收建筑垃圾处置费，从根源上减少建筑垃圾的排放。参考北京市经验征收施工工地扬尘排污费。

（8）依据环境保护部公布的《城市空气质量状况报告》，对于年空气达标天数比例较低且PM2.5或PM10年平均浓度超标的城市以及建筑节能减排任务完不成的城市，建议制定强制规定，要求其所有新建建筑必须采用装配式建造方式并同步实施全装修。

（9）建议提高《环境保护税法（征求意见稿）》中关于建筑施工噪音、固体废物、大气污染物等应税污染物的征收标准，并以装配式建筑的污染物排放标准作为相关污染物排放的基准线。

1 节能减排效益分析总体思路

装配式混凝土工程项目的节能减排效益分析是一个复杂的系统，涵盖范围较广，本专题研究重点针对建造过程中的节能减排效益进行实证分析研究，从节约资源能源、减少建筑垃圾排放、减少噪声和空气污染及减少碳排放等多方面综合确定其节能减排效益，主要包含以下三个方面。①

一是通过多项目的数据收集，对资源、能源投入量及施工现场直接排放物质进行测算与分析，主要包含钢材、混凝土、木材等主要建筑材料的投入量，水资源的消耗量，能源的消耗量及施工过程中建筑垃圾排放量等。其中项目来源与专题29一致。

二是选取典型案例对施工现场噪音和粉尘排放进行实测。

三是根据收集整理的资源和能源消耗量清单，按照排放系数法计算两种建造方式在建造过程中的碳排放量增减。

2 建造阶段资源能源消耗对比

2.1 收据收集方法

两种建造方式的生产组织方式差异较大，为全面客观分析其节能减排数据差异，本专题选取了建造过程的核心环节进行数据采集，包括现浇住宅施工现场、装配式住宅施工现场、预制构件厂三个监测点，但研究重点是建造过程中的标准层施工阶段，不涉及基础开挖、使用阶段和拆除阶段。为保证数据的可比性，本专题将部分数据转换为单位建筑面积消耗量。

建造过程资源能源消耗量数据收集方案 表31-1

资源消耗	钢筋	根据设计文件、工程量计价清单、施工现场记录等资料进行计算
	混凝土	根据设计文件、工程量计价清单、施工现场记录等资料计算
	木材	根据实际投入量和周转次数计算
	保温材料	根据设计文件、工程量计价清单、施工现场记录等资料计算
	水泥砂浆	根据设计文件、工程量计价清单、施工现场记录等资料计算
	水	根据工作进度进行测算

① 本研究报告基于住房和城乡建设部科技与产业化发展中心承担的《建筑产业现代化工程项目成本效益和节能减排效益实证分析研究》（能源基金会支持项目，G-1402-20174）的课题成果。

续表

能源消耗	电	根据工作进度进行测算
建筑垃圾	固体废弃物	根据现场跟踪和垃圾清运日志计算

2.2 数据对比分析

通过对典型案例进行数据调研，并按照钢材、混凝土、木材、保温材料、水泥砂浆、水资源、能源、建筑垃圾等方面分项统计分析如下。

2.2.1 钢材消耗

由于不同建筑高度和设计方案导致的钢筋消耗量差异会对两种建造方式的钢材消耗量对比产生较大干扰，因此，本部分仅选取相同建筑高度和设计方案的某项目进行对比。

两种建造方式的单位平方米钢筋消耗量对比 表31-2

单位 平方米钢筋消耗量（kg/m²）

传统现浇式	预制装配式	节省量	节省率
55.9	58.3	−1.4	−3.29%

由表31-2可以看出，装配式建造方式相比传统现浇方式单位平方米钢筋用量增加了3.29%。**增加的部分**包括四方面：一是由于使用叠合楼板，较现浇楼板增加了桁架钢筋。二是由于采用三明治外墙板，比传统住宅外墙增加了50mm的混凝土保护层，进而增加了这部分的钢筋用量。三是预制构件在制作和安装过程中需要大量的钢制预埋件，增加了部分钢材用量。四是由于目前预制装配式建筑在我国仍处于前期探索阶段，部分项目考虑到建筑的安全与可靠，在一些节点的设计上偏于保守，导致配筋增加。

减少的部分包括两方面：一是预制构件的工厂化生产大大降低了钢材损耗率，提高了钢材的利用率，以某项目为例，钢材损耗率降低了48.8%。二是预制构件的工厂化生产减少了现场施工的马凳筋等措施钢筋。

2.2.2 混凝土消耗

由于不同建筑高度和设计方案导致的混凝土消耗量差异会对两种建造方式的混凝土消耗量对比产生较大干扰，因此，本部分仅选取相同建筑高度和设计方案的某项目进行对比。

两种建造方式的单位平方米混凝土消耗量对比　　表31-3

单位　平方米混凝土消耗量（m^3/m^2）

传统现浇式	预制装配式	节省量	节省率
0.4667	0.4775	−0.0108	−1.31%

由表31-3可以看出，装配式建造方式相比传统现浇方式单位平方米混凝土消耗量增加1.31%。**增加的部分**包括两方面，一是由于使用叠合楼板增加了楼板厚度导致混凝土消耗量增加，现浇楼板厚度一般为100~120mm，而叠合楼板做法一般为130~140mm（预制部分一般为60mm，现浇部分一般为70mm以上）。二是部分项目的预制外墙采用夹芯保温，根据结构设计要求，比传统住宅外墙增加了50mm的混凝土保护层，而在传统住宅中，外墙外保温一般采用10mm砂浆保护层。

减少的部分在于预制构件厂对混凝土的高效利用，避免了以往在现场施工受施工条件等原因造成的较大浪费，提高了混凝土的使用效率，以某项目为例，混凝土损耗率降低了60%。

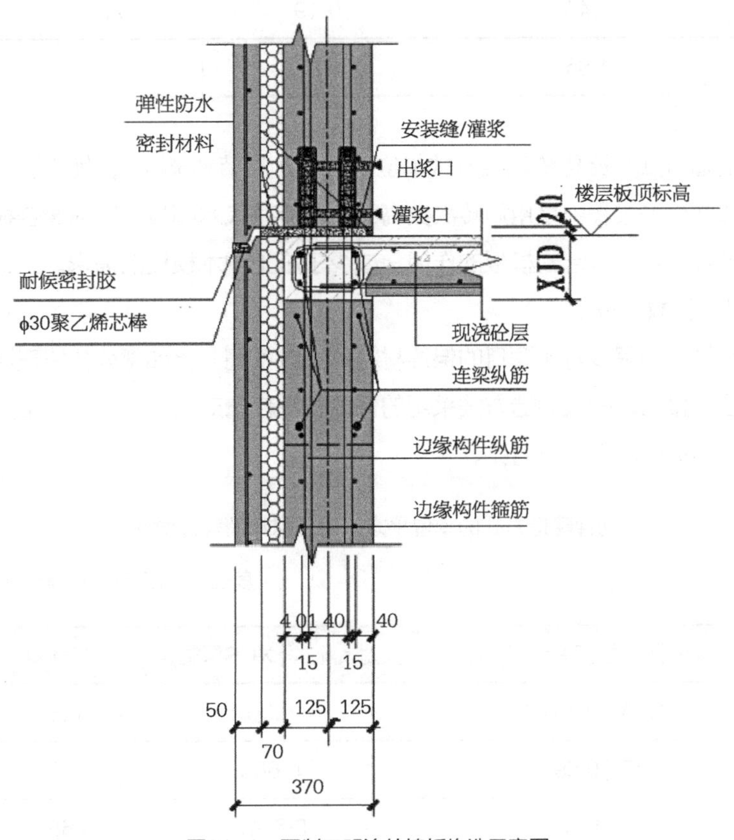

图31-1　预制三明治外墙板构造示意图

2.2.3 木材消耗

两种建造方式的单位平方米木材消耗量对比　　表31-4

单位　平方米木材消耗量（m^2/m^2）

项目序号	传统现浇式	预制装配式	节省量	节省率
1	0.138	0.067	0.071	51.45%
2	2.585	1.209	1.376	38.38%
3	3.7	1.08	1.62	70.81%
4	2.79	1.08	1.71	61.29%
5	0.335	0.26	0.075	21.39%
6	0.91	0.43	0.48	52.75%
7	2.88	1.28	1.6	55.56%
8	0.44	0.19	0.25	56.82%
平均	1.85	0.83	1.02	55.40%

装配式建造方式相比传统现浇方式单位平方米木材节约55.4%，优势明显。主要是因为其预制构件在生产过程中采用周转次数高的钢模板替代木模板，同时叠合板等预制构件在现场施工过程中也可以起到模板的作用，减少了施工中木模板的需求。

2.2.4 保温材料消耗

由于研究样本中很多对比项目的保温材料的选取不同，比如部分传统现浇项目采用保温砂浆，无法直接与装配式建造方式采用的保温板消耗量对比，因此，本部分选取两组保温材料均为保温板的项目进行对比。

两种建造方式的单位平方米保温材料消耗量对比　　表31-5

单位　平方米保温材料消耗量（m^3/m^2）

项目序号	传统现浇式（EPS保温板）	预制装配式（XPS保温板）	节省量	节省率
1	1.16（0.58×2）	0.56	0.58	51.72%
2	1.38（0.69×2）	0.663	0.72	51.96%
平均	1.27	0.6115	0.6585	51.85%

装配式建造方式相比传统现浇方式单位平方米保温材料消耗量节约51.85%。一方面由于材料保护不到位、竖向施工操作面复杂以及工人的操作水平和环保意识较低，导致现浇住宅在现场施工过程中保温板的废弃量较大。

另一方面，本专题计算过程中取现浇住宅保温材料用量的两倍与装配式住宅保温工程量进行对比。原因包括：一是目前装配式混凝土建筑采用的外墙夹心保温寿命可实现与结构设计50 年使用寿命相同，而现浇住宅外墙外保温的设计使用年限只有25 年。二是预制三明治外墙板常用挤塑聚苯板（XPS），传统现浇建造方式常用膨胀聚苯板（EPS），而XPS的导热系数小于EPS。以北京为例从节能计算上推算满足同样的节能设计要求XPS的用量要少于EPS的用量，但因XPS有最小构造要求，导致两者的实际用量差异不大，而预制三明治外墙板的保温效果较普通外保温有所提高。

2.2.5 水泥砂浆消耗

两种建造方式的单位平方米水泥砂浆消耗量对比 表31-6

单位 平方米水泥砂浆消耗量（m^3/m^2）

项目序号	传统现浇式	预制装配式	节省量	节省率
1	0.0692	0.029	0.04	57.80%
2	0.107	0.056	0.0506	47.29%
3	0.05	0.019	0.0308	61.60%
4	0.0296	0.009	0.0205	69.26%
5	0.091	0.056	0.0355	39.01%
6	0.063	0.04	0.0232	36.83%
7	0.0368	0.003	0.0338	91.85%
8	0.086	0.027	0.0587	68.26%
平均	0.06658	0.03	0.0366	55.03%

注：由于部分对比项目均采用铝模板，与使用木模板的项目中的抹灰量差异较大，为避免对结论产生误导，本部分不计入这些项目的数据。

装配式建造方式相比传统现浇方式单位平方米水泥砂浆消耗量减少55.03%。原因包括，一是外墙粘贴保温板的方式不同，装配式建造方式的预制墙体采用夹心保温，保温板在预制构件厂内同结构浇筑在一起，不需要使用砂浆及粘结类材料；二是预制构件无须抹灰，减少了大量传统现浇方式的墙体抹灰量。

2.2.6 水资源消耗

建筑施工的大多数工序都离不开水，以沈阳市为例，建筑工程的建造和使用过程用水占城市用水的47%。但目前施工环节的用水量大、水利用效率较低。

两种建造方式的单位平方米水资源消耗量对比 表31-7

单位 平方米水资源消耗量（m^3/m^2）

项目序号	传统现浇式	预制装配式	节省量	节省率
1	0.070	0.060	0.010	13.29%
2	0.103	0.089	0.014	12.59%
3	0.096	0.083	0.013	12.54%
4	0.078	0.058	0.020	26.15%
5	0.081	0.072	0.009	11.11%
6	0.093	0.078	0.015	16.13%
7	0.076	0.052	0.024	31.58%
8	0.080	0.050	0.030	37.50%
9	0.090	0.070	0.020	21.22%
10	0.110	0.065	0.045	40.91%
11	0.070	0.040	0.030	42.86%
平均	0.086	0.065	0.021	23.33%

装配式建造方式相比传统现浇方式单位平方米水泥砂浆消耗量减少23.33%。原因主要是三方面，一是由于构件厂在生产预制构件时采用蒸汽养护，养护用水可循环使用，并且养护时间和输气量可以根据构件的强度变化进行科学计算和严格控制，大大减少了构件养护用水。二是由于现场混凝土工程大大减少，进而减少了施工现场冲洗固定泵和搅拌车的用水量。三是现场工地施工人员的减少导致施工生活用水减少。

2.2.7 能源消耗

两种建造方式的单位平方米电力消耗量对比 表31-8

单位 平方米电力消耗量（kWh/m^2）

项目序号	传统现浇式	预制装配式	节省量	节省率
1	6.75	3.2	1.55	37.78%

续表

项目序号	传统现浇式	预制装配式	节省量	节省率
2	7.28	2.32	3.96	53.40%
3	10.02	8.25	1.77	17.66%
4	17.1	16.01	1.09	6.81%
5	4.86	2.26	1.6	32.92%
6	6.98	5.88	1.1	15.76%
7	3.12	1.6	1.52	48.72%
8	3.4	3.6	0.8	18.18%
9	17.1	15.5	1.6	9.36%
10	5	4	1	20.00%
11	16.4	15.35	1.05	6.40%
平均	9.0009	7.360909	1.64	18.22%

装配式建造方式相比传统现浇方式单位平方米电力消耗量减少18.22%。原因主要包括四方面，一是现场施工作业减少，混凝土浇捣的振动棒、焊接所需电焊机及塔吊使用频率减少，以塔吊为例，装配式建造方式施工多是大型构件的吊装，而在传统现浇施工过程中往往是将钢筋、混凝土等各类材料分多次吊装。二是预制外墙若采用夹芯保温，保温板在预制场内同结构浇注为一体，减少了现场保温施工中的电动吊篮的耗电量。三是由于传统现浇方式较装配式建造方式相比传统现浇方式的木模板使用量较大，加工耗电量增加。四是由于预制构件的工厂化，减少或避免夜间施工，工地照明电耗减少。

2.2.8 建筑垃圾排放

两种建造方式的单位平方米建筑垃圾排放量对比　　表31-9

单位　平方米垃圾排放量（kg/m^2）

项目序号	传统现浇式	预制装配式	减排量	减排率
1	38.9	13.9	25	63.27%
2	10	4.9	5.1	51.00%
3	23	14	9	39.13%
4	30	5	25	82.33%

续表

项目序号	传统现浇式	预制装配式	减排量	减排率
5	11	6	5	45.45%
6	8.5	2	6.5	76.47%
7	20	3	17	85.00%
8	41	13	28	68.29%
9	26	5	21	80.77%
10	31	5	26	83.87%
11	22	9	13	59.09%
平均	23.764	7.345	16.42	69.09%

装配式建造方式相比传统现浇方式单位平方米固体废弃物的排放量降低69.09%，减排优势非常明显。减少的固体废弃物主要包括废砌块、废模板、废弃混凝土、废弃砂浆等。装配式建筑施工现场干净整洁，各项措施完善，管理严格，废弃物的产生量极大减少，同时预制构件厂在构件生产过程中控制严谨、管理规范，混凝土的损耗量很小。

3 建造阶段粉尘和噪声排放对比

为测定装配式建筑施工阶段的空气质量和噪声排放，本研究联合有关项目单位，委托专业机构在同一时间对同一项目内的两栋不同建造方式的建筑进行了数据实测，结果如下。

3.1 施工现场粉尘排放实测

3.1.1 施工现场粉尘浓度监测数据统计

对施工现场粉尘浓度的监测形式为现场取样和实验室分析，主要检测的空气成分为：PM10、PM2.5等。

PM2.5和PM10浓度实测表　　表31-10

测点位置	传统现浇方式	装配式方式
PM10（$\mu g/m^3$）	89	69
PM2.5（$\mu g/m^3$）	70	57

3.1.2 施工现场空气质量监测结果分析

监测结果表明装配式施工现场的 PM2.5和PM10的排放较少。主要原因包括四方面。一是由于采用预制混凝土构件，减少了建筑材料运输、装卸、堆放、挖料过程中各种车辆行驰过程中产生的扬尘。二是外墙面砖采用工业化直接浇捣于混凝土中，预制内外墙无须抹灰，大大减少了土建粉刷等易起灰尘的现场作业。三是基本不采用脚手架，减少落地灰的产生。四是减少了模板和砌块等的切割工作，减少了相关空气污染物的产生。

3.2 施工现场噪声排放测算

3.2.1 施工现场噪声监测数据统计

本研究依据《建筑施工厂界环境噪声排放标准》GB 12523-2011和《声环境质量标准》GB 3096-2008等标准，选择若干装配式混凝土和现浇项目施工现场的测点对噪声进行了检测，经背景噪声修正后的测量结果如下表所示。

施工现场噪声监测结果 表31-11

	12月8日（吊装）		12月11日（综合）		12月13日（浇筑）	
	上午	下午	上午	下午	上午	下午
1	62.4	64.3	65.8	69.6	67.3	64.4
2	57.3	61.1	63.7	60.1	57.0	60.9
3	63.1	66.5	69.7	69.1	68.7	68.9
4	60.3	63.0	61.8	61.7	63.6	61.4
5	65.4	72.9	66.2	65.2	61.3	65.1
6	68.1	72.1	70.4	81.4	71.1	62.7
7	81.3	82.9	67.4	68.5	63.4	62.4
标准限制	70					

3.2.2 施工现场噪声监测结果分析

根据监测结果可以看出，装配式施工的测点均满足噪声排放国家标准要求，现浇混凝土施工区域测点中超标的数据较多。在传统施工过程中，采用的大型机械设备较多，产生了大量施工噪声，如挖土机、重型卡车的马达声、自卸汽车倾卸块材的碰撞声等，其混合噪声甚至能达到100dB以上。主体工程施工阶段，噪声主要来自切割钢筋时砂轮与钢筋间发出的高频摩擦声，支模、拆模时撞击声，振捣混凝土时振捣器发出的高频蜂鸣声等。这些噪声的强度大都在80 ~ 90dB。

相对而言，装配式施工过程缩短了最高分贝噪声的持续时长。由于采用的是工业化方式，构件和部分部品在工厂中预制生产，减少了现场支拆模的大量噪声。同时，预制构件的安装方式减少了钢筋切割的现场工序，避免高频摩擦声的产生。

4 建造阶段碳排放对比分析

4.1 碳排放测算方法

我国建筑领域碳排放核算还处于起步阶段，缺少系统的统计方法，权威的统计数据相对欠缺。当前建筑碳排放的测算方法主要有实测法、物料衡算法和排放系数法。通过比较三种测算方法的数据可得性和统计工作量，本专题采用排放系数法进行两种建造方式的碳排放对比分析。

依据《2006年IPCC国家温室气体排放清单指南》①，碳排放量计算公式为：

温室气体排放量（碳排放量②）=活动水平数据③ × 碳排放因子（kgCO_2/单位）

备注：

（1）碳排放量不等同于CO_2排放量，碳排放量是指在生产、运输、使用及回收该产品时所产生的平均温室气体排放量。

（2）碳排放因子是指消耗单位质量物质伴随的温室气体的生成量，是表征某种物质温室气体排放特征的重要参数。

4.2 碳排放因子的选取

碳排放因子一般通过能源的消耗量及碳排放量统计数据计算获得，准确的碳排放因子则根据实验测定。由于不同国家和地区的能源结构和生产方式均具有较大差异，对于基础排放因子数据的选择，本专题认为应遵循以下优先等级次序：（1）首先参考国内成熟的数据库；（2）其次参考国内文献中现有的研究成果；（3）参考国外数据库及研究成果；（4）对于无法找到或者数据质量无法保证的数据，不应采用，并在计算过程中加以说明。

① 《2006年IPCC国家温室气体清单指南》，政府间气候变化专门委员会，IPCC国家温室气体清单计划。

② 人类生产活动产生如CO_2、CO、CH_4、O_3等温室气体引起全球变暖。不同种类的温室气体引起温室效应的强度相差很大，目前国际上统一以CO_2当量作为基准，不同种类的温室气体造成的全球变暖影响根据其气候变化潜值（Global Warming Potential，GWP）可统一折算成CO_2当量来衡量。

③ 即能源、材料消费的活动水平数据，为能源、材料的消耗量。

因此本研究主要采用目前行业内较为权威的清华大学《建筑产品物化阶段碳足迹评价方法与实证研究》中的碳排放因子，并将涉及两种建造方式碳排放差异的相关碳排放因子整理如表31-12所示。

碳排放因子清单 表31-12

类型	碳排放因子	数据来源
钢材（中小型线材）	2300kgCO_2eq/t	清华大学《建筑产品物化阶段碳足迹评价方法与实证研究》
混凝土（C30）	251kgCO_2eq/m^3	
木材	146.3kgCO_2eq/m^3	
自来水	0.2592kgCO_2eq/m^3	
挤塑聚苯板（XPS）	43.75 kg/m^3	《建筑外墙不同选材方案的碳排放量对比分析》
膨胀聚苯板（EPS）	27.5kg/m^3	
电力（全国平均）	1.04kgCO_2eq /kWh	《2014年中国区域电网基准线排放因子》
砂浆（1：1.5）	469.41kgCO_2eq/m^3	东南大学《建筑物生命周期碳排放因子库构建及应用地研究》

4.3 不同建造方式下的碳排放测算

两种建造方式的碳排放量对比 表31-13

类型	节约量	碳排放因子	节碳量（kgCO_2eq）
钢材	−1.4kg	1.3kgCO_2eq/kg	−5.29
混凝土	−0.0108m^3	251kgCO_2eq/m^3	−2.71
挤塑聚苯板（XPS）	−0.6115m^3	43.75 kg/m^3	−26.75
膨胀聚苯板（EPS）	1.27m^3	27.5kg/m^3	34.93
砂浆	0.0366m^3	469.41kgCO_2eq/m^3	17.18
木材	0.056m^3	146.3kgCO_2eq/m^3	8.19
自来水	0.021m^3	0.2592kgCO_2eq/m^3	0.0054
电力	1.64 kWh	1.04kgCO_2eq/kWh	1.70
合计			27.26

由表31-13可知，对于混凝土建筑，装配式建造方式相比传统现浇方式在建造阶段单位平方米可减少碳排放27.26kg。根据《中共中央国务院关于进一步加强城市规划建设管理工作的若干意见》中提出的“力争用10年左右时间，使装配式建筑占新建建筑的比例达到30%”发展目标，如按装配式混凝土建筑占新建建筑的比例达到20%计算，到2025年，装配式混凝土建筑在建造阶段可实现碳减排1000万吨（17.96亿m^2× 20%×27.26kg/m^2≈1000万t，新建建筑面积按2014年的17.96亿计算），即353万t标煤（标煤碳排放因子按2.7725tCO_2eq/tce），约占“十二五”期末实现建筑节能1.16亿t标准煤任务的3.04%，约占“十二五”期末实现新建建筑节能4500万t标准煤任务的7.84%。

从结果来看，装配式建造方式的最大优势体现在环境影响方面，特别是减少建筑垃圾、粉尘排放和噪声污染方面。同时，在节约木材、砂浆、保温材料、水资源、电等方面也有一定优势，而在钢材和混凝土等主材消耗上差别不大。希望本部分可以为科学分析装配式建造方式节能减排效益提供一定借鉴，为制定相关政策提供部分数据参考。

5 经济效益和社会效益分析

5.1 经济效益

5.1.1 集群发展拉动地方经济

装配式建筑有利于形成产业链、培育新的产业集群，可以直接诱发建筑业、建材业、制造业、运输业以及其他服务行业的发展，有利于消解钢铁、水泥、机械设备以及建材部品等过剩产能，是建设行业落实“稳增长、调结构”政策的有效途径。以沈阳市为例，2012年沈阳市现代建筑产业集群已经突破1000亿元，2014年将近达到2000亿元，有力地推动了当地经济发展。

5.1.2 节约资金时间成本

装配式建筑由于大量采用预制构件，主要工作在工厂里进行，如能实现大规模穿插施工，则现场施工工期可大幅度缩短，形成了“空间换时间”方式，可以大大加快开发周期，节省开发建设管理费用和财务成本，从而在总体上降低开发成本，特别是在旧城改造和安置房建设中的优势更加明显。

5.1.3 降低综合造价

装配式建筑发展初期，装配式建筑工程造价比传统方式高200~500元，其主要原因在于标准化部品应用量不足导致无法充分发挥工业化批量生产的价格优势。但如果能够在标准化、模数化的基础上，提高通用产品应用比例，形成规模化生产，工程造价可与传统现浇方式基本持平。

5.2 社会效益

5.2.1 促进农民工向产业工人转变，实现“人的城镇化”

80后农民工已开始成为我国建筑业劳动力市场的主力，他们大都不愿意从事脏而笨重的体力劳动，劳动力市场结构性短缺已开始显现。装配式建筑的工厂化建造模式，大大改善了劳动条件、提高了劳动技术含量，有助于引导农民工转型为产业工人，促进其稳定就业，并在城镇定居，实现农业转移人口市民化。

5.2.2 提高劳动效率，节约人力成本

我国人均竣工住宅面积仅30多平方米，是美国和日本的1/4和1/5；建筑业人均增加值仅为美国的1/20 、日本的1/42。日本通过持续地推动住宅产业化，现场用工量从每平方米20~30人・小时下降到了每平方米5~8人・小时，大大提高了施工效率。

5.2.3 提升质量和性能，提高居住舒适度

采用装配式建造方式可以确保诸多建筑工程质量的关键环节得到控制，提高工程质量的均好性，减少系统性质量安全风险，有效解决质量通病问题，如通过采用外墙保温结构整体预制体系、预制楼梯、外墙外窗一次成型、外立面装饰面反打工艺等，解决外墙渗漏、保温开裂等问题并提升了住宅质量和品质。

5.2.4 提升行业竞争力，培育产业内生动力

装配式建筑以现代的住宅制造取代了传统的住宅建造，实现了工业化与信息化的深度融合，不仅使相关企业通过转型升级提高了自身竞争力，而且提高了建设行业的工业化水平，推动了相关领域装备制造业的发展，有利于形成国际竞争力、实现制造强国的战略目标。

5.2.5 有利于安全生产，推动产业技术进步

采用装配式建筑方式，大幅减少了工程施工阶段对施工人员的需求，仅需要几十个甚至更少的起重人员、组装人员和管理人员进行现场的吊装、拼装工作。同时，装配式建筑需要专门从事建筑工业化生产的工人，这些产业工人技术水平相对较高、专业知识较多、安全意识较强、综合素质较好，从而减少了施工生产过程中人为的不安全因素的影响。

在提高产业工人的综合素质的同时，装配式建造方式有利于提高建筑业的科技水平，推动技术进步，提升生产效率，促进生产方式转型升级。

6 政策建议

6.1 纳入国家推动经济结构转型和节能减排重点工作中

当前我国建筑能耗占城市总能耗的30%左右，如何落实建设领域的节能减排任务，对于完成我们国家节能减排目标、履行关于应对气候变化的相关承诺、实现建筑业可持续发展、推动经济结构转型，具有十分重要的意义。而装配式建筑的节能减排效益明显，应当将大力推进装配式建筑作为国家推进节能减排和应对气候变化工作的重要抓手。

建议结合《国家新型城镇化规划》、《节能减排低碳行动方案》和《大气污染防治行动计划实施细则》等，将装配式建筑发展放到推动经济结构转型和实现节能减排降碳约束性目标的战略背景下，充分挖掘其对促进经济社会创新发展、推动建设行业节能减排和治理大气污染等方面的贡献。

6.2 以限制性政策建立倒逼机制，实现行业转型发展

一是依据环境保护部公布的《城市空气质量状况报告》，对于年空气达标天数比例较低且PM2.5或PM10年平均浓度超标的城市以及建筑节能减排任务完不成的城市，强制要求其市区一定范围内所有新建住宅必须采用装配式建造方式并同步实施全装修。

二是提高《环境保护税法（征求意见稿）》中关于建筑施工噪声、固体废物、大气污染物等应税污染物的征收标准，并以装配式建筑的污染物排放标准作为相关污染物排放的基准线。

三是参考中国香港经验，征收建筑垃圾处置费。中国香港2005年开征建筑废物处置费，由于传统的建筑模式下产生的建筑垃圾要远远大于使用预制构件所产生的建筑垃圾，所以在建筑废物处置费提出后，众多的建筑承建商纷纷使用预制构件，有效地倒逼了开发商走资源节约、环境友好的道路，大大推动了香港建筑工业化的发展。因此建议加强对国内建筑垃圾的运输和处置管理，并通过征收建筑垃圾处置费从根源上减少建筑垃圾的排放。

四是参考北京市经验，征收施工工地扬尘排污费。据测算，北京市施工工地每月每平方米排放扬尘高达0.26kg。北京市于2015年开始征收建设工程施工工地扬尘排污收费，该费用征收后，统一纳入北京市财政排污费专项资金管理，主要用于重点扬尘污染源的治理、扬尘防治、扬尘污染源监管等方面。施工工地扬尘排污费由建设单位缴纳，收费标准照弥补治理成本的原则制定，实施差别化收费政策。

6.3 加大装配式混凝土建筑综合效益的宣传

目前大多数装配式混凝土建筑接受度不高，对装配式混凝土建筑产品的全生命周期价值认识不深。建议加大宣传力度、加强交流培训，增强社会认知度。不仅让各级领导、专业人员、企业家等行业人员了解装配式建筑的优势，还要逐步让普通居民认知，形成消费者导向机制，倒逼开发企业采用装配式建造方式。

同时，由于装配式建筑综合效益明显，但由于宣传不到位，很少从全寿命期、特别是从社会效益和环境效益等综合方面看其优势。以装配式建造方式建设的项目，质量、安全、性能都有显著提长，二者不应简单地片面进行成本价格对比，应更多宣传综合性价比。

参考文献：

[1] 建筑产业现代化工程项目成本效益和节能减排效益实证分析研究. 住房和城乡建设部科技与产业化发展中心.

[2] 曹新颖. 产业化住宅与传统住宅建设环境影响评价及比较研究[D]. 清华大学，2012.

[3] 高源雪. 建筑产品物化阶段碳足迹评价方法与实证研究 [D]. 清华大学，2012.

[4] 刘美霞，武振，王洁凝，刘洪娥，王广明，彭雄. 住宅产业化装配式建造方式节能效益与碳排放评价[J]. 建筑结构，2015.

[5] 刘美霞，武振，王广明，刘洪娥. 我国住宅产业现代化发展问题剖析与对策研究[J]. 工程建设与设计，2015.

[6] 保障性住房绿色低碳技术应用和节能减排效益分析[M]. 北京：中国建筑工业出版社，2015.

[7] 装配整体式建筑工程综合效益分析. 大连理工大学.

[8] 陈康海. 建筑工程施工阶段的碳排放核算研究[D]. 广东工业大学，2014.

[9] 尚春静，张智慧. 建筑生命周期碳排放核算[J]. 工程管理学报，2010.

[10] 尚春静，储成龙，张智慧. 不同结构建筑生命周期的碳排放比较[J]. 建筑科学，2011.

[11] 黄志甲，赵玲玲，张婷，刘钊. 住宅建筑生命周期CO_2排放的核算方法[J]. 土木建筑与环境工程，2011.

[12] 王蕴. 工业化住宅之节能减排[J]. 住宅产业，2008.

[13] 张智慧，尚春静，钱坤. 建筑生命周期碳排放评价[J]. 建筑经济，2010.

编写人员：

负责人及撰稿：

王广明：住房和城乡建设部住宅产业化促进中心

武　振：住房和城乡建设部住宅产业化促进中心

参加人员：
刘美霞：住房和城乡建设部住宅产业化促进中心
赵中宇：中国中建设计集团有限公司
樊　骅：宝业集团
李忠富：大连理工大学
曹新颖：海南大学
刘洪娥：住房和城乡建设部住宅产业化促进中心
王洁凝：住房和城乡建设部住宅产业化促进中心